지구과학 교사들의

호주서부

지질답사여행

서호주 지질 답사를 기획하며

따가운 햇살, 붉은 먼지… 그 속에 숨은 보물을 찾으러 15명의 답사돌이들이 서호주로 떠났다. 바람과 물이 만들어낸 자연의 조각품 피너클스, 원시 지구의 환경을 극적으로 변화시킨 살아있는 화석 스트로마톨라이트, 바닷속 산소량의 변화가 고스란히 기록된 호상철광층, 수억 년의 세월이 켜켜이 쌓인 고지*Gorge*의 지층들, 지하수가 만들어낸 아름다운 석회암 동굴, 예기치 못한 곳에서 만나는 특별한 지형들… 지구과학 교사들에게는 그야말로 더없이 귀한 보물이다.

효율적인 답사를 위해 1년여의 준비 기간을 거쳤다. 답사를 다녀오기 쉽지 않은 지역이니만큼 서호주에서 볼 수 있는 다양한 지구과학적 요소들을 샅샅이 검색하고 한 달에 한 번 꼴로 각자 담당한 지역에 대한 조사 자료를 발표하며 공부했다. 비슷한 지역에 답사를 다녀온 경험자들로부터 정보를 얻고 서호주 여행 전문가와 세미나도 하였다. 우리가 서호주를 다녀온 1월은 한국에서는 겨울이지만 호주에서는 여름이고 우기이다. 우리에게 서호주에 대한 정보를 준 사람들은 한결같이 호주에서 우기에 북쪽 즉, 적도 가까운 쪽으로 가는 것은 폭우로 인해 도로 사정이 어떻게 변할지 모르므로 피하는 것이 좋겠다고 했다. 브룸과 벙글벙글, 카리지니 고지까지 답사하고 싶었던 우리는 고민에 빠졌다. 안전한 경로만을 택할 것인가 아니면 최대한 가능성을 열어 두고 현지에서 최종 결정을 할 것인가? 오랜 고민 끝에 브룸과 벙글벙글은 포기하고 카리지니 고지만 탐사하는 것으로 결정했다. 세계 최대의 철광석 산지 중 하나인 호주에서 호상 철광층을 볼 수 있는 카리지니 고지를 답사에서 제외한다는 것은 너무 안타까운 일이었기 때문이다. 대신 현지에서 계속 날씨를 체크하며 일정을 조정하기로 하였다.

준비가 막바지로 접어들수록 우리들의 기대는 커져 갔다. 답사 지역의 기후, 도로 정보, 한국에서 가져갈 수 있는 식품에 대한 정보까지 체크하며 철저히 준비했다. 처음 이용해 보는 캠퍼 밴 사용법을 익히기 위해 인터넷에 올라온 동영상을 보며 차량에 대한 정보를 습득하였고, 도로에서 생길 수 있는 만일의 사태에 대비해 견인줄, 타이어 펑크 수리 도구 등도 준비했다.

오랜 준비 끝에 2014년 1월 9일 드디어 출발! 해외 지질 답사는 늘 처음 1~2일이 힘들다. 서호주도 예외는 아니었다. 공항에서 음식물 검사를 무사히 통과한 것 때문에 잠시 긴장을 늦춘 탓일까, 캠퍼 밴을 빌린 후 시내로 출발한 지 5분 만에 접촉 사고가 발생했다.

그나마 사고가 경미했고 차량에 대해 풀보험에 가입해 무사히 해결되었다. 또한 피너클스로 가는 도중 1호 차의 엔진오일 부족 경고등이 깜빡깜빡⋯ 렌터카 회사에서 직원을 보내 줘 문제는 해결했지만, 시간이 많이 지체되어 1호 차 운전을 담당했던 선생님은 랜셀린과 피너클스를 보지 못했다.

힘든 첫날 일정을 마치고 세르반테스 캐러밴 파크에서 첫 밤을 맞을 때에는 앞으로의 일정이 걱정되었다. 그러나 이후 일정은 신기할 정도로 순조롭게 진행되었다. 팟 앨리, 얀나리 암석 그룹 등 예상치 못한 특이한 지형들과의 만남은 서호주 지질 답사의 흥을 한 단계 더 고조시켰다.

이렇게 16일간의 일정을 마친 답사돌이들이 원석을 가득 안고 한국으로 돌아왔다. 암석 샘플들, 엄청난 사진들⋯ 이것들을 잘 연마해 빛나는 보석으로 만들어야겠다고 다짐한다. 아이들에게 그리고 답사에 함께하지 못한 동료 교사들에게 우리가 보고 느끼고 체험한 것들을 전해 주기 위해 설레는 마음으로 자료들을 정리한다. 그리고 다음에는 어느 지역을 답사하면 좋을지 때 이른 고민을 시작한다.

일정 : 답사장소

일정	답사장소	일정	답사장소
1.09	인천 공항 출발	1.18	메카타라, 달월리누, 원간 힐스
1.10	퍼스 도착. 랜셀린, 남붕 국립공원	1.19	노샘, 요크, 하이든
1.11	헛 라군, 칼바리	1.20	하이든, 그레이트 레이크, 덴마크, 윌리엄 베이 국립공원
1.12	셸 비치, 데넘	1.21	팅글 스테이트 포레스트, 글로스터 국립공원, 워렌 국립공원
1.13	하멜린 풀, 카나본	1.22	마거릿 리버, 레이크 케이브, 버셀턴
1.14	코랄 베이, 얀나리 암석 그룹	1.23	클리프턴 호수, 맨두라, 프리맨틀, 코트슬로 비치
1.15	톰 프라이스, 카리지니 고지 답사	1.24	퍼스
1.16	카리지니 고지 답사	1.25	퍼스 공항 출발, 인천 공항 도착
1.17	카리지니 고지 답사, 쿠마리나		

Contents

지퍼스

Perth, Western Australia

◎ 퍼스

퍼스 *Perth*

웨스턴오스트레일리아주(이하 서호주)는 면적 2,825,300㎢에 인구는 약 150만 명으로 호주에서 가장 큰 주이다. 서호주의 주도인 퍼스는 호주 서쪽의 관문이자 세계화, 개방화된 도시로 호주의 개척 정신을 지키고 있는 곳이다. 이곳은 수많은 포도밭과 거대한 스완 강 *Swan River*으로 둘러싸여 있으며 네 가구당 한 가구의 비율로 배를 갖고 있어 주말이면 스완 강은 배들로 뒤덮인다.

퍼스는 시드니, 브리즈번 등 동부 해안 도시에 익숙한 사람들에게는 지리적, 감성적으로 먼 곳이다. 싱가포르에서 날아오는 시간이나 시드니에서 닿는 시간이나 별반 차이가 없다. 퍼스를 수식하는 말들도 낯설다. '세계에서 가장 고립된 도시', '사막과 바다 사이에 들어선 도시'… 서쪽으로는 인도양이, 동쪽으로는 끝없는 사막이 이어지니 외딴 도시라는 평이 어색한 것도 아니다.

퍼스 시내는 도보로도 충분히 돌아볼 수 있다. 잠시 교외로 나가고 싶을 때 버스나 렌터카를 이용하면 더욱 편리하다. 도로는 잘 정비되어 있어서 하루 동안에 여러 곳을 돌아다닐 수 있다. 퍼스에는 물과 숲이 많으니 소풍 나온 기분으로 여행해 보는 것도 좋다.

퍼스 시내 지도

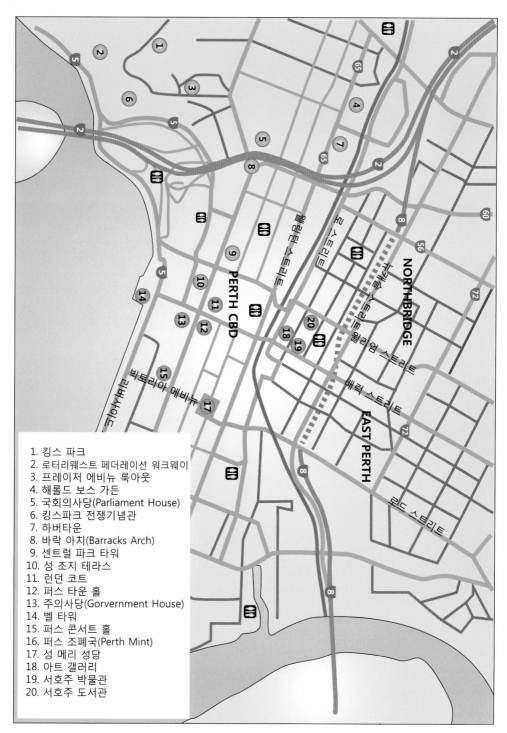

1. 킹스 파크
2. 로터리웨스트 페더레이션 워크웨이
3. 프레이저 에비뉴 룩아웃
4. 해롤드 보스 가든
5. 국회의사당(Parliament House)
6. 킹스파크 전쟁기념관
7. 하버타운
8. 바락 아치(Barracks Arch)
9. 센트럴 파크 타워
10. 성 조지 테라스
11. 런던 코트
12. 퍼스 타운 홀
13. 주의사당(Gorvernment House)
14. 벨 타워
15. 퍼스 콘서트 홀
16. 퍼스 조폐국(Perth Mint)
17. 성 메리 성당
18. 아트 갤러리
19. 서호주 박물관
20. 서호주 도서관

NORTHBRIDGE

PERTH CBD

EAST PERTH

퍼스 시내

헤이 스트리트와 머레이 스트리트 몰 *Hay St. & Murray St. Mall*

　퍼스 쇼핑 여행의 1번지인 곳으로 양쪽 길 사이로 각종 쇼핑몰과 상점 등이 늘어서 있다. 대표적인 쇼핑몰은 마이어*Myer*와 데이비드 존스*David Jones*이며, 상점이 문을 여는 시간은 10시 전후로 우리와 다를 바 없지만, 문 닫는 시간은 18시 전후이니 쇼핑 시간에 주의해야 한다. 단, 금요일은 21시까지 문을 연다.

　스완벨 타워에서 바락 스트리트*Barrack Street*를 따라 쭉 올라가면 퍼스의 중심부인 센트럴시티가 나온다. 머레이 스트리트*Murray Street*에서 왼쪽으로 가면 머레이 스트리트 몰이 나온다. 헤이 스트리트는 머레이 스트리트 몰과 이어져 있다. 오픈 시간은 상점마다 다르다.

　차가 다니지 않는 넓은 거리에는 연중 다양한 거리 공연이 펼쳐진다. 거리 한 편에서 연주되는 비트박스가 어깨를 들썩이게 만들고, 한 블록 떨어진 곳에서 원주민의 전통 악기가 빚어낸 몽환적 선율은 지나는 사람들의 걸음을 멈춰 세운다. 따뜻한 커피 한 잔을 들고 벤치에 몸을 기대면 한가롭고 낭만적인 오후는 덤이다.

머레이 스트리트

런던 코트 *London Court*

런던 코트 *London Court*

　현대적 도시인 '퍼스'에는 엘리자베스 여왕 시대의 중세 도시를 경험할 수 있는 곳이 있다. 바로 '런던 코트*London Court*'다. 여행객들에게 인기가 높은 런던 코트는 헤이 스트리트와 세인트 조지 테라스가 연결되는 곳에 위치한다. 1937년 금광 채굴 사업으로 갑부가 된 클라우드 데 버널*Claude de Vernates*이 주거와 상업 지구로 사용하기 위해 건설했다고 한다.

　거리 곳곳에는 붉은 십자 모양의 잉글랜드 국기가 걸려 있고 길 양쪽에는 튜더 왕조 시대를 본뜬 건물이 어깨를 맞대고 줄지어 서 있다. 이러한 풍광은 런던의 어느 골목을 통째로 옮겨 놓은 듯한 착각에 빠져들게 하여 많은 관광객들이 색다른 분위기를 느끼기 위해 이곳을 찾는다. 짧은 아케이드 내부에는 기념품점과 골동품점이 즐비하며, 티셔츠, 액세서리, 아이스크림, 초콜릿 등을 파는 상점도 많다. 상점마다 영업시간이

런던 코트 입구 간판

다르므로 시간적 여유를 두고 방문하는 것이 좋다.

런던 코트 입구에는 영국 웨스트민스터 사원의 '빅벤 *Big Ben*'을 모방한 대형 시계가 걸려 있는데, 시계 밑에는 이런 글귀가 새겨져 있다. '지나간 시간은 영원히 되돌아오지 않는다 *No minute gone comes ever back again*.' 중세의 도시가 현대 도시에서 바쁘고 정신없이 살아가고 있는 우리에게 당부하고픈 말인 듯하다.

성 조지 성당 *St. George Cathedral*

👣 가는 방법 : 시청에서 George Terrace 방향으로 도보 1분

붉은 벽돌로 지은 이 성당은 1888년 퍼스와 시작을 함께한 건물이다. 성당 바로 옆의 사제관은 1859년에 세운 것으로, 식민지 시대에 지은 오두막 형태의 가옥 중 원형 보존이 잘된 건물 중 하나이다.

세인트 조지 테라스 *St. George Terrace*에 위치한 성 조지 대성당 *St. George Cathedral*은 1888년에 지어졌고, 바락 스트리트와 헤이 스트리트에 위치한 퍼스 타운 홀 *Perth Town Hall* 시계탑은 1867년에서 1870년 사이에 지어졌으며 퍼스에서 가장 높은 랜드 마크 중 하나라고 한다.

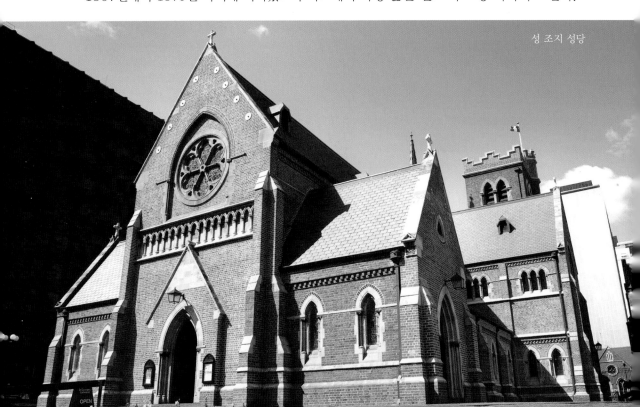

성 조지 성당

타운 홀 Town Hall (시청)

헤이 스트리트Hay Street와 바락 스트리트Barrack Street가 맞닿은 지점이자 데이비드 존스 백화점에서 도보 1분 정도 거리에 위치한다. 블루 캣Blue CAT (CAT는 무료 시티 버스이다.) 4번 시청 정류장에서 하차한다.

퍼스 민트 Perth Mint (퍼스 조폐국)

전 세계에서 가장 오래되고 지금까지 운영 중인 조폐국으로, 서호주에서도 역사적인 의미를 두는 곳이다. 1899년에 만든 용광로는 현재까지 꺼지지 않은 채 금을 만들고 있다. 하루 두 차례 금괴 만드는 과정을 직접 볼 수 있고 11kg이 넘는 금괴를 직접 들어 볼 수 있다. 메달에 이름과 방문 날짜를 새겨 주는 등 금과 관련된 각종 기념품을 구매할 수 있다.

🔍 가는 방법 : 레드 캣 탑승, 퍼스 조폐국 정류장에서 하차. 또는 퍼스 역에서 도보로 10분 정도 소요
- 휴관일 : 토·일요일, 공휴일
- 주소 : 310 Hay St. East Perth
- 운영 시간 : 평일 09:00~17:00, 토·일·공휴일 09:00~13:00
- 입장료 : 어른 $15 / 어린이(4~15세) $5 / 4인 가족 패스 $38
- 가이드 시간 : 09:30~15:30 한 시간
- 금괴 주조 시연 시간 : 10:00~16:00 한 시간 간격

퍼스 조폐국 Perth Mint

노스 브리지 *North Bridge*

 다운타운을 어슬렁거리며 퍼스를 둘러봤다면 이제는 퍼스 시민들과 좀 더 가까워질 차례
이다. 퍼스에서 가장 젊음이 넘치는 거리인 노스 브리지와 수비아코는 퍼스 시민들이 가장
사랑하는 거리로 평일 낮에는 텅 비어 있다가도 늦은 오후가 되면 흥겨움이 넘친다. 그리고
주말 저녁이면 한껏 차려입은 멋쟁이들이 거리를 활보하며 주말의 여유를 만끽한다. 일상
에 충실하면서도 여유와 멋을 아는 퍼스 시민들, 그들이 좋아하는 곳을 알게 되면 여행의
기쁨과 깊이도 두 배, 세 배가 된다.

 🐾 가는 방법 : 센트럴 시티에서 북쪽으로 맞은편에 위치한 곳으로, 기차역에서 북쪽 방향
 • 주소 : North Bridge WA 6003

 센트럴 시티에서 북쪽으로 기차역을 넘어 위치한 곳이 바로 노스 브리지이다. 걸어서 길
하나만 건너면 되는 이곳은 센트럴 시티보다는 좀 더 자유분방한 기운이 넘치는 곳이다.
젊은 층은 주말 저녁 파티 장소로 센트럴보다는 이곳을 꼽는다.

노스 브리지에는 국적을 넘나드는 다양한 레스토랑과 멋진 라이브 음악이 곁들어진 바 *Bar*도 많다. '대장금'과 '서울', 이 두 개의 한식당을 비롯해 멕시코식, 그리스식, 생선 요리 전문, 팬케이크 레스토랑, 타이식, 중식, 이탈리아식과 인도식, 인도네시아식, 터키식 케밥 전문점 등 각양각색의 음식점이 즐비하다. 분위기와 가격대도 다양하니 골라 즐기면 된다. 더군다나 북쪽과 서쪽으로 새로운 명소들이 계속 들어서고 있어서 퍼스의 가장 '핫'한 지역이 되고 있다. 배낭 여행객들을 상대하는 게스트하우스도 많다.

퍼스 문화 센터 *Perth Cultural Center*

좀 더 깊은 퍼스를 느끼고자 하는 이들에게 노스 브리지가 1순위로 꼽히는 곳이 된 데에는 엔터테인먼트의 흥겨움 때문만은 아니다. 서호주의 예술과 문화를 한데 모은 문화 센터가 이곳에 존재하기 때문이다. 센트럴 시티 기차역 건너편에 위치한 이곳에는 서호주 미술관 *The Art Gallery of WA*, 서호주 박물관 *WA Museum*, 퍼스 현대 미술관 *Perth Institute of Contemporary Arts*, 서호주 도서관 등이 들어서 있으며 입장료는 모두 무료이다.

서호주 미술관 *The Art Gallery of Western Australia*

건물 사이를 둘러보며 쉬어 가기도 좋으며, 산책길에도 작품 전시회 등이 열려 볼거리를 제공한다. 문화 센터 중심에는 잠시 쉬어갈 수 있는 광장이 있고, 무엇보다 건물들이 가까이 모여 있어 발품을 많이 팔지 않아도 된다는 장점이 있다.

서호주 미술관 *The Art Gallery of Western Australia*

호주 국내외 작품 1,000여 점이 총망라된 서호주 최대 미술관이다. 특히 피카소, 르누아르, 모네, 세잔 등 이름을 들으면 귀가 솔깃할 만한 화가의 작품을 전시하여 미술 애호가가 아니더라도 누구나 흥미롭게 관람할 수 있다. 오귀스트 로댕의 청동 조각상 'Adam'과 100주년 갤러리에 소장되어 있는 프레더릭 맥커빈의 'Down on His Luck'이 눈여겨볼 만하다. 애버리지니 *Aborigine*의 미술 전시실이 따로 마련되어 있다. 미술관 앞 광장에서는 주말마다 벼룩시장이 열린다. 작은 액자 그림과 공예품 등을 파는 노점상이 줄을 이어 활기가 넘친다.

가는 방법 : 퍼스 역에서 도보로 1분 정도 소요
휴관일 : 굿 프라이데이, 크리스마스

- 입장료 : 무료
- 주소 : Perth Cultural Centre James St.

서호주 박물관 *Western Australian Museum*

　서호주의 주립 박물관으로 산하에 6개의 박물관을 두고 있다. 프리맨틀 *Fremantle*에 두 곳이 있으며 퍼스 *Perth*와 올버니 *Albany*, 제럴턴 *Geraldton*, 금광 도시인 캘굴리-볼더 *Kalgoorlie-Boulder*에 각각 하나씩 자리 잡고 있다. 서호주 박물관들은 1969년 박물관 법에 의해 구성되었다. 1891년 9월 9일 '지질학 박물관 *Geological Museum*'으로 개관한 퍼스 박물관은 현재 퍼스 문화 센터에 위치해 있다.

　공룡 화석을 포함한 선사 시대 서호주의 유물, 원주민 유물, 각종 동물 등을 전시한다. 25m에 달하는 흰긴수염고래의 골격 표본과 입체 모형 방식으로 전시된 해양 동물 전시실이 눈길을 끈다.

　박물관은 퍼스 역에서 북쪽으로 나오면 곧바로 보이며 캣을 타도 된다. 박물관 입장료는 무료이며, 애버리지니 전시관에는 예전의 영국인들이 호주에 들어와 원주민(애버리지니)에게 했던 내용을 기록해 두었다.

서호주의 환경과 생태를 보여 주는 박물관(자연사 박물관)
바닷속 환경, 조류의 생태, 포유동물의 생태 등 서호주의 자연과 환경, 동식물을 전시하고 있는 상설 갤러리이다.

- 관람 시간 : 매일 09:00~17:00 (크리스마스, 굿 프라이데이 제외)
- 홈페이지 : www.museum.wa.gov.au

프리맨틀에는 해양 박물관 *Maritime*과 난파선 갤러리 *Shipwreck Galleries*가 있다. 빅토리아 부두에 위치한 해양 박물관은 어업, 해양 교역, 해군 등과 관련된 다양한 자료를 전시한다. 1983년 아메리카 컵에서 우승한 요트 '오스트레일리아 II' 호가 대표 소장품이다. 인근에서 잠수함 투어를 즐길 수도 있다.

난파선 갤러리는 남반구 최고의 해양고고학 및 난파선 보존 박물관으로 1850년대에 창고를 보수해 사용하고 있는데 1962년 침몰된 '바타비아 *Batavia*' 호를 인양해 복원한 전시물이 가장 큰 인기를 누리고 있다. 서호주에 가장 먼저 유럽인들이 정착한 올버니, 금광으로 유명한 캘굴리-볼더, 급성장하고 있는 제럴턴의 박물관도 각각 해당 지역의 유물을 소장하고 있다.

수비아코 *Subiaco*

퍼스에서 떠오르는 핫 플레이스인 수비아코는 풀네임보다는 '수비 *Subi*'라는 애칭으로 더욱 친근하게 불린다. 이곳은 센트럴 시티 서쪽에서 세 정거장 떨어진 곳에 위치하고 있으며 프리맨틀 라인을 타고 수비아코 역에서 하차하면 된다. 무료 시티 버스인 캣으로 이동한다면 노란색 캣을 타고 머레이 *Murray* 스트리트와 토마스 *Thomas* 스트리트가 만나는 곳에서 하차하여 다시 헤이 *Hay* 스트리트를 따라 올라간다.

수비는 최근 퍼스에서 떠오르는 가장 '핫'하고 '트렌디'한 곳이다. "수비에 다녀왔다"고 하면 친구들이 다시 한 번 쳐다본다고 할 정도로 젊은 세대들 사이에서는 퍼스의 또 다른 아이콘으로 꼽힌다.

한국 사람들에게 수비는 퍼스의 압구정동으로 통한다. 분위기 역시 신사동과 비슷하다. 헤이 스트리트를 따라 길 양옆으로 부티크와 갤러리, 고급 레스토랑, 패션 아이템 숍이 몰려 있다. 디자이너들의 이름을 내건 숍이나 갤러리가 많아서 여기저기 둘러보는 재미가 쏠쏠하다. 헤이 스트리트와 이어진 로커비 로드의 구역이 수비아코의 핵심 지역이다. 이곳에서 뜨거운 시간대인 점심 또는 저녁 식사를 하고자 한다면 예약하기를 권한다. 수비는 퍼스 시민들에게도 인기가 높다는 점을 기억해야 한다.

수비아코 호텔 *The Subiaco Hotel*

노스 브리지에 브라스 멍키가 있다면 수비에는 수비아코 호텔이 있다. 헤이 스트리트와 로커비 로드가 이어진 코너에 위치한 이 호텔은 100여 년이 넘는 역사를 자랑하며 수비아코의 아이콘으로 자리매김했다. 더군다나 이 호텔 로비에 위치한 수비아코 호텔 레스토랑은 수비에서도 가장 트렌디한 장소로 손꼽힌다.

메뉴는 샐러드와 수프, 스테이크, 파스타 등 다양하며 셰프들은 종종 실험적인 메뉴들도 선보인다. 시즌별로 달라지는 메뉴 가운데서도 가장 유명한 것은 애피타이저로 선보이는 수비 플레이트 *Subi plate*와 다양한 디저트들이다. 수비 플레이트는 셰프들이 실험적으로 선보이는 메뉴들을 작은 양으로 선보여 테스트에 나선다. 다양한 메뉴만큼이나 동행한 이들과 함께 나눠 먹기에도 좋다. 가장 유명한 디저트는 바로 아이스크림이 얹어진 스티키 푸딩 *sticky date pudding, double cream, vanilla bean ice-cream*이다. 한번 먹어 보면 그 맛을 잊을 수 없다. 이 디저트의 가격은 $14. 수비 플레이트는 $25이며, 수비 호텔의 메인 메뉴는 $18~35.5 선이다.

• 주소 : 465 Hay St, Subiaco
• 전화 및 홈페이지 : 61 8 9381 3096, www.subiacohotel.com.au

아리랑 BBQ 레스토랑 *Arirang Korean BBQ*

이 한식당의 주인은 흥미롭게도 터키인이다. 한식당은 한국인이 운영한다는 고정 관념을 깬 이 주인은 센트럴 시티의 바락 스트리트에 이어 수비아코 중심부에 2호점을 차렸다. 한국 사람들보다 퍼스 현지인들과 다른 아시아인들이 많이 찾는 것은 그들의 입맛과 문화에 맞춘 서비스를 제공하기 때문. 한국식 테이블 바비큐를 선보이면서도 음식 서비스와 맛은 서양식을 가미했다. 가격은 김치 파전 $11.5, 김치찌개 $15.9(밥 포함), 삼겹살 $17 등이다.

• 주소 : 420 Hay St, Subiaco
• 전화 및 홈페이지 : 61 8 9388 9029, www.arirang.com.au

킹스 파크 *Kings Park*

킹스 파크는 퍼스 관광의 백미라 할 만하다. 스완 강과 퍼스 중심가의 고층 건물이 만들어내는 스카이라인을 한눈에 조망할 수 있는 곳이기 때문이다. 가장 훌륭한 조망 장소는 전쟁 기념탑 부근으로, 좌측으로는 도심을, 우측으로는 스완 강을 바라볼 수 있다. 날씨가 화창한 날이면 인도양까지 눈에 들어온다니 과연 '왕들의 공원 *Kings Park*'이라 칭할 법하다. 도심 한쪽 끝 언덕에 자리한 킹스 파크에 오르기 가장 좋은 시간대는 해 질 무렵으로 바다 쪽에서 비스듬히 밀려드는 햇살이 만들어내는 오렌지 빛 풍경은 가히 황홀경이다.

스완 강변에 펼쳐진 넓은 삼림을 그대로 공원으로 만들어낸 킹스 파크는 끝없이 이어진 유칼리 가로수와 잘 다듬어진 잔디가 발길을 붙들며 휴식을 권한다. 주말이면 가족과 연인들이 몰려들어 여유를 즐기며, 홀로 책을 벗 삼아 잔디에 누워 망중한에 빠진 이들도 흔히 볼 수 있다.

총 면적 4㎢에 이르는 킹스 파크는 봄이면 각종 동식물이 그들만의 낙원을 이룬다. 그리고 온갖 야생화와 새들이 이곳을 찾는 사람들과 함께 어울린다. 공원 곳곳에는 각종 음식점과 카페가 자리하고 있어 휴식과 식도락을 만끽하기에도 좋다.

다운타운의 서쪽은 굽이도는 퍼스 강을 끼고 나지막한 언덕 위에 형성된 공원으로 볼수록 호감이 가는 공원이다. 입구에 울창하게 서 있는 나무가 인상적이며 바오밥나무가 있는 보타닉 가든도 운치가 있다. 특히 퍼스 다운타운의 전경을 한눈에 내려다볼 수 있어 전망 포인트로도 그만이다. 보타닉 가든을 지나 아델파이 호텔 옆으로 내려가는 225개 해안 계단에서 산책하는 것도 좋다. 계단 높이에 따라 다르게 보이는

호주의 전쟁 기념비. 제1차 세계 대전 당시 호주와 뉴질랜드 연합군 안자크 *Anzac* 의 사망자 2,500명을 추모하기 위한 추모탑

퍼스 전경이 일품이다.

보타닉 가든 *Botanic garden*

1872년부터 조성하기 시작한 보타닉 가든은 1965년에 개장했다. 보타닉 가든에는 1,700만 종의 꽃과 식물이 있다. 매일 10시와 14시에는 무료 워킹 가이드 투어(영어) 등을 진행한다. 또 연중 다양한 행사를 만날 수 있는데, 여름(12월~3월)에는 야외 공연과 영화 상영 등이 펼쳐지고, 9월에는 야생화 축제가 열려 서호주의 모든 야생화를 한눈에 볼 수 있다. 이때는 나무 위를 다리로 연결해서 다닐 수 있게 한다.

킹스 파크는 '야생화의 천국'이기도 하다. 공원에는 12,000여 종의 야생 식물이 자생하고 있다. 이는 호주 전체 25,000종의 야생 식물 중 절반에 해당하는데, 주로 사막 지역에서 뿌리를 내리는 식물들로 한국에서는 찾아볼 수 없다. 일부는 겨울 시즌에도 꽃을 피우지만, 봄이 시작되는 9, 10월에 대부분 만개한다. 이 무렵이 되면 공

바오밥나무 *Baobab Tree* : 굵고 크게 자라 북쪽의 자이언트 나무라고 불린다. 바오밥나무 뒤로 스완 강이 펼쳐져 있다.

원은 환상적인 꽃 퍼레이드로 흥겨워진다. 화려하게 치장하지 않은 소박한 꽃의 자태가 오히려 더 매혹적이다.

바오밥나무는 생텍쥐페리 *Antoine de Saint Exupéry*의 소설 《어린 왕자》에서 어린 왕자가 심은 나무로 나와 유명세를 타고 있는데, 이 나무에는 생김새에 대한 전설이 있다. 땅에서 처음 바오밥나무가 나왔을 때 신은 이 나무가 너무 예뻐 질투가 났다. 그래서 바오밥나무를 통째로 뽑아서 뿌리가 위로 가게 거꾸로 심었다는 전설이다. 이처럼 이 나무는 가지가 뿌리같이 생겼다.

로터리웨스트 페더레이션 워크웨이 *Lotterywest Federation Walkway*

2003년 8월 17일 개장 이후 킹스 파크 필수 방문지가 된 로터리웨스트 페더레이션 워크웨이. 보타닉 가든 *Western Australian Botanic Garden*의 워크웨이를 따라 걸으며 퍼스 시내와 스완 강을 볼 수 있는 곳이다.

최대 높이가 16m이고, 길이 620m로 형성된 워크웨이로 킹스 파크 인포메이션 센터에서 왕복 40분이 소요된다. 입장은 무료지만, 입구에 기부 상자 *Donation Box*가 놓여 있고 안전상의 이유로 매일 9시부터 17시까지만 개방한다. 그리고 자전거와 강아지 출입, 웨딩 촬영은 금지이다.

로터리웨스트 페더레이션 워크웨이
Lotterywest Federation Walkway

아스펙트 *Aspects of Kings Park*

고품질의 호주 디자인 상품을 살 수 있는 상점으로 모든 상품이 특별하게 전시되어 있어 갤러리를 관람하는 느낌이 들지만, 가격은 정말 비싸다. 아스펙트 옆에 위치한 꽃시계 *Floral Clock*에서는 30분마다 새장에서 루퍼우스 휘슬러 *The Rufous Whistler*가 나온다.

• 개장 시간 : 매일 09:00~17:00

아스펙트 *Aspects of Kings Park*

스완 강 *Swan River*

백조의 강 '스완 강'은 퍼스의 젖줄이다. 도시를 감싸고 굽이쳐 흘러 사막 위에 건설된 인류 문명에 생명의 물길을 댄다. 강물은 상류인 스완 벨리에서 발원해 프리맨틀을 거쳐 인도양으로 흘러 들어간다. 강을 따라 산책길과 드라이브 코스가 잘 정비되어 있어 산책과 조깅은 물론 카약과 윈드서핑 등 다양한 레저 활동을 즐길 수 있다. 강의 이름처럼 이 지역에는 유난히 고니류(백조)의 새들이 많이 서식했다. 특히 이 강은 흑조 *Black Swan*의 서식지로 유명하다. 네덜란드의 탐험가 빌럼 *Willem de Vlamingh*이 1967년 세계 최초로 흑조의 존재를 세상에 알렸다. 그전까지 인류가 알고 있었던 백조의 색깔은 모두 흰색이었다. 흑조의 발견으

스완 강변에서 산책 중인 흑조 가족

로 인해 백조에 대한 인류의 고정 관념이 깨졌다. 이 때부터 '검은 백조'는 '진귀한 것' 또는 '불가능하다고 인식된 상황이 실제 발생하는 것'을 가리키는 은유적 표현으로 사용되기 시작했다. 미국 학자 나심 탈레브 *Nassim Taleb*는 2007년 출간한 책에서 '일반적으로 사람들이 생각지 못하거나 간과하기 쉬운 사고나 전략, 행동 양식' 등을 '블랙 스완 효과'로 정의하기도 했다.

붉은색 부리와 검은색 깃털을 가진 블랙 스완

　이 같은 역사적 배경과 생물학적 가치로 인해 흑조는 서호주 깃발과 문장에 새겨졌고 이 지역을 대표하는 상징물이 되었다. 강을 따라 산책하다 보면 흑조 가족을 어렵지 않게 만날 수 있다. 붉은 부리에 검은 날개를 가졌는데 겉으로 보기에는 검은 오리와 흡사하다. 하지만 구부정한 목을 치켜 세우고 기다란 날개를 펼치면 영락없이 백조다. 색이 검다고 해도 백조의

서호주 정부의 문장과 깃발에 블랙 스완을 새겨 넣었다.

23

스완 벨 타워

우아한 자태는 숨길 수 없는 모양이다.

　희소가치와 비례해 보존 가치가 높지만, 흑조는 점점 이 지역에서 자취를 감추고 있다. 레저용 보트가 강을 점령하고 인간들이 만들어낸 소음과 환경오염 때문에 서식지가 파괴되고 있기 때문이다. 새들은 하나둘 스완 강을 떠나 사람들의 인적이 뜸한 몽거 호수 *Lake Monger*로 옮겨가고 있다. 인간에 의해 새들의 보금자리가 위협당하면서 개체 수도 점점 줄어들고 있는 상황이다. 호주 정부는 이들을 보호 조류로 지정하고 보호에 안간힘을 쏟고 있다.

스완 벨 *Swan Bells*

　세상에서 가장 큰 악기로 불리는 스완 벨. 스완 강과 이어지는 다운타운의 중심부에 위치한 벨 타워는 퍼스의 새로운 아이콘이다. 매일 정오에 18개의 벨이 울리는 소리가 아름다운 하모니를 이룬다. 바락 스퀘어 *Barrack Square*에 위치한 벨 타워 *The Bell Tower*는 하루에 한 번, 한 시간 동안 12개의 스완 벨 *Swan Bells*을 연주한다. 마치 종을 엎어 놓은 듯한 모양을 한 스완 벨 타워의 12개 종은 1725년에서 1770년 사이에 영국에서 만들어진 후 1988년 세인트 마틴에 의해 기증되었다.

　타워 안에는 역사적인 종에 대한 기록이 전시되어 있다. 승강기를 타고 전망대까지 올라갈 수 있으며, 전망대에서 바라보는 퍼스 시내의 스카이라인이 무척 아름다워 퍼스의 랜드마크로 꼽힌다. 종을 치는 체험을 해 보는 가이드 투어도 진행되며 전망대에 올라 내려다보는 퍼스 전경도 볼 만하다. 투명 유리로 된 뾰족한 탑과 붉은 벽돌색의 외관이 잘 어울린다. 타워 앞 분수대와 정원도 둘러보기 좋다. 특히 서호주의 초등학생들이 참가한 분수대의 그림이 인상적이다.

Tip

- 휴관일 : 부활절, 크리스마스
- 관람 시간 : 여름 10:00~16:30, 겨울 10:00~16:00
- 입장료 : 어른 $14, 어린이(5~14세) $9, 할인표 *Concession* $9, 가족 *Family* $30
- 주소 및 홈페이지: Barrack Square Riverside Drive, www.swanbells.com.au
- 가는 방법 : 블루 캣 탑승, 바락 스퀘어 *Barrack Square*에서 하차
- FULL BELL RINGING : 월, 화, 목, 토, 일 : 12:00~03:00 / 수, 금 11:30~12:30

바락 스퀘어 *Barrack Square*

스완 벨 타워 앞쪽 스완 강으로 이어지는 곳에 위치한 이곳은 각종 페리와 크루즈 배들이 드나드는 곳이다. 스완 강을 도는 크루즈나 페리는 물론이고 프리맨틀, 로트네스트행 크루즈나 페리도 이곳에서 출발한다.

다운타운 근처의 주변 명소

 퍼스에는 다운타운 외에도 꼭 방문하기를 추천하는 명소들이 있다. 알아 두면 더욱 즐거운 퍼스의 명소들은 다음과 같다.

하버 타운 *Harbour Town*

 퍼스에서 가장 인기 있는 쇼핑 명소를 꼽으라면 센트럴 시티도, 수비아코도 아닌, 100여 개 브랜드가 입점해 있는 아울렛 몰인 하버 타운이다. 이곳의 가장 큰 장점은 바로 시 외곽이 아닌 시내에 위치하고 있다는 점이다. 센트럴 시티 북쪽 웰링턴 스트리트의 시티웨스트 기차역과 가까운 곳에 있다.

 하버 타운에는 서호주인들이 좋아하는 브랜드들이 많다. 각종 스포츠 브랜드 아울렛 몰은 가장 인기 있는 코너로 가격은 시중보다 훨씬 저렴하며 80~90%가 할인된 가격에 나온 물건도 많다. 수영복 등의 비치 용품과 캐주얼 의류, 편안한 샌들과 스니커즈류의 신발, 아이들을 위한 옷과 패션 소품 등은 브랜드와 종류도 많다. 비타민 숍도 있으며 가볍게 식사할 수 있는 레스토랑도 많아서 주말 가족 나들이 장소로도 손꼽힌다. 쇼핑 전 입구에 위치한 사무실에 들러 투어리스트 클럽 카드를 받으면 브랜드에 따라 추가로 5~15% 정도 할인 혜택도 받을 수 있다.

퍼스 동물원 *Perth Zoo*

 바락 스퀘어 제티에서 강 건너편 퍼스 남쪽에 위치한 퍼스 동물원은 시내에 위치하고 있어 아이들과 함께 방문하기 좋은 곳이다. 제티에서 페리로도 이동할 수 있다. 호주 토종 동물들과 함께 사자, 기린, 코뿔소 등의 아프리카 동물들, 호랑이, 원숭이 등 아시아 동물들을 볼 수 있도록 규모를 갖추었다. 동물원이지만 울창한 나무숲도 가꾸어져 있어 산책하듯 둘러보기에 좋다.

　무엇보다도 인기 있는 코스는 코알라와 캥거루, 웜뱃, 에뮤 등 호주 동물들과 습지 동물 등을 볼 수 있는 코너. 나무에 매달린 코알라는 신기하고 물 안팎을 넘나들며 헤엄치는 습지대의 펭귄 또한 귀엽다. 어린 아이들과 함께 온 가족들을 위해 유모차는 물론 아기 자동차 등을 대여하는 서비스도 제공한다.

• 가격 : 성인 1일 $25 / 어린이(4~15세) $12

• 관람 시간 : 매일 09:00~17:00

• 주소 : Labouchere Rd, South Perth

• 전화 및 홈페이지 : 61 8 9474 0444 www.perthzoo.wa.gov.au

남붕 국립공원

Numbung National Park

○ 퍼스

남붕 *Nambung*

남붕 국립공원 *Nambung National Park*은 서호주에 있는 국립공원으로 퍼스 *Perth*에서 북쪽으로 245㎞ 떨어져 있다. 사막, 해변, 숲 등 다양한 자연환경을 보유하며, 수천 개의 석회암 기둥이 모래 위로 불쑥불쑥 솟아 있는 피너클스 사막이 유명하다.

남붕 국립공원은 퍼스에서 가장 많은 관광객이 즐겨 찾는 아웃백 코스로, 피너클스 사막 외에도 해변에 인접해 있는 화이트 둔 *White dune*이라는 모래 언덕이 있는데 이곳은 샌드보딩으로 유명한 곳이다. 또한 화이트비치는 하얀 모래사장으로 유명하며 해변을 따라 도로가 나 있어 드라이브를 즐기기에 좋다.

바다에서는 낚시와 수영을 즐길 수 있고, 다양한 조류도 관찰할 수 있다. 공원에는 캥거루·포섬·에뮤 등 다양한 토착 동물이 서식하고, 희귀종을 포함한 야생화들이 자라는데, 9~10월에 만개한다.

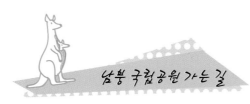

남붕 국립공원 가는 길

퍼스 ▶ 미첼 프리웨이(2번 고속도로, 29㎞ 이동) ▶ 번스 비치 도로(87번 도로, 2.5㎞ 이동) ▶ 준
달러프 도로(85번 도로, 1㎞ 이동) ▶ 와너루 도로, 인디언 오션 드라이브(60번 도로, 154㎞ 이동)
▶ 남붕 국립공원(총 219㎞, 2시간 20분 소요)

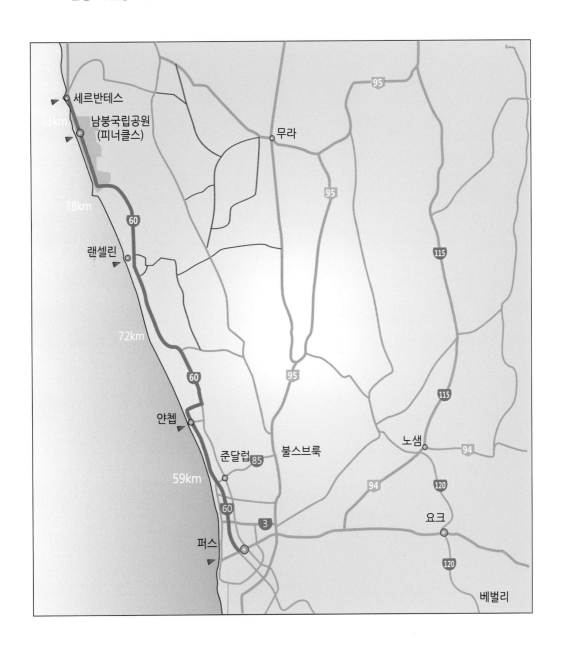

랜셀린 *Lancelin*

퍼스에서 피너클스로 가는 길에 위치한 랜셀린은 퍼스에서 128㎞ 떨어져 있어 1시간 반을 달려야 만날 수 있는 해안가의 거대한 모래 언덕이다. 극히 작은 세립의 하얀 모래가 자그마한 산맥을 이루고 있는 모습은 절경이다.

● 랜셀린(Lancelin)
◎ 퍼스

바닷가재 *Lobster*의 본고장으로 유명한 어촌인 랜셀린 뒤로는 하얀 모래 언덕이 여러 개의 산처럼 서 있는데, 이곳이 바로 유명한 랜셀린 모래사막이다. 거대한 면적의 이 흰모래 사막은 주로 석회암으로 이루어져 있으며 사막에서의 샌드보딩이 유명하다.

랜셀린에서 남붕 국립공원은 약 80㎞ 정도 떨어져 있다. 그리고 랜셀린에서 남붕 국립공원으로 가는 길에는 모래사막이 세 곳이나 더 있다. 이 중 국립공원에서 약 5㎞ 정도 떨어진 마지막 사막이 접근성과 규모면에서 가장 좋다.

차를 주차하고 5분만 걸어 들어가면 되기 때문에 사륜구동이 아닌 차량을 이용하는 분들에게 적합하다.

랜셀린 가는 길

📍 퍼스 ▶ 미첼 프리웨이(2번 고속도로, 29km 이동) ▶ 번스 비치 도로(87번 도로, 2.5km 이동) ▶ 준
달러프 도로(85번 도로, 1km 이동) ▶ 와너루 도로, 인디언 오션 드라이브(60번 도로, 89km 이동) ▶
랜셀린 로드로 좌회전(5.6km) ▶ 워커 에비뉴로 진행(1.6km 이동) ▶ 랜셀린 사막(총 128km, 1시간
30분 소요)

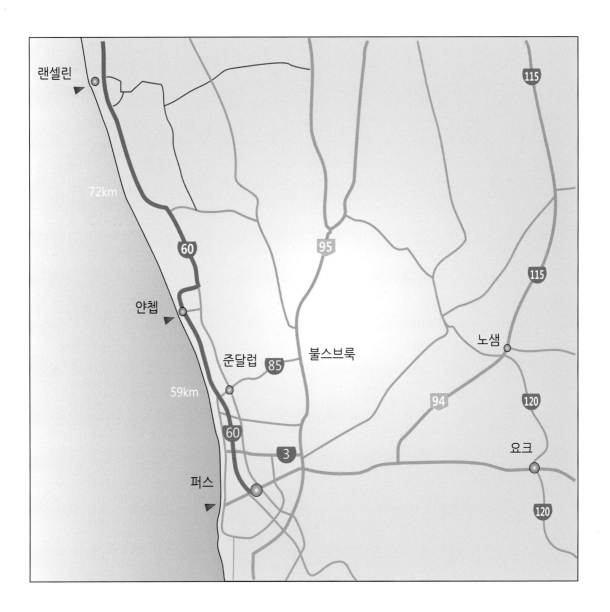

사막에는 물이 없다는 일반적인 생각과는 달리 바로 앞에는 인도양이 펼쳐져 있다.

발이 푹푹 빠지는 모래 언덕을 힘들게 오른 뒤 한 번 더 작은 모래 언덕을 가뿐히 오르고 나면 눈앞에 펼쳐지는 인도양. 이 멋진 절경은 가슴이 뻥 뚫리는 듯 시원함을 더해 준다. 사막 너머 작은 마을, 그리고 끝없이 펼쳐진 바다와 바다만큼 푸른 하늘. 유난히 희고 고운 모래 언덕에서 흥미진진한 샌드보딩을 즐길 수 있거니와 아름다운 이곳 모래사막의 풍광을 눈과 마음에 담고 또 사진으로 남기는 일은 지극히 당연한 일일 것이다. 새하얀 모래 언덕이 산맥을 이룬 랜셀린 모래사막의 모습은 파란 하늘과 하얀 모래 두 가지 색으로 구분되어 능선의 아름다움을 더한다. 강한 바람이 지나간 모래사막의 다양한 모습이 하나의 예술 작품처럼 아름다워 카메라에 담는다.

랜셀린에서는 사륜구동 차나 모터사이클을 타고 사막을 오르내리는 드라이빙을 하기도 하지만, 이곳이 유명해진 이유는 바로 샌드보딩 때문이다. 양초를 묻힌 보드를 타고 달 표면과도 같은 깎아지른 듯한 언덕을 내려오는 짜릿함 덕분에 젊은 여행객들이 가장 좋아하는 여행지이기도 하다.

랜셀린은 퍼스에서 2시간 정도 소요되는데 피너클스 탐방, 랜셀린 샌드보딩을 두루 체험할 수 있는 일일 투어 프로그램도 마련되어 있다. 가는 길에 캐버샴 야생공원 *Caversham Wildlife Park*에 들러 캥거루에게 직접 먹이를 주고 코알라와 웜뱃을 구경할 수 있는 기회도 있다. 일일 투어 프로그램은 모든 숙소에 비치된 안내 책자를 참조하여 데스크에서 24시간 예약할 수 있다. 호텔 픽업, 점심 및 가이드 포함, 약 $215(약 23만 6천 원)이다.

· 투어 소요 시간 : 11시간 30분(08:30~19:30)
· 출발 장소 : Perth Sightseeing Centre, corner Hay & Pier Streets, Perth
· 투어 가격 : 성인 $204, 어린이 $102
· 전화 : 618 9417 5555
· 홈페이지 : www.pinnacletours.com.au

바람이 만들고 간 모래사막의 물결무늬

피너클스 *Pinnacles*

수천 개의 석회암 기둥이 사막 위로 솟아나 있는 모습이 장관인 피너클스 사막은 남붕 국립공원 *Nambung National Park*에 포함되어 있다. 피너클스 사막은 몇 년 전에 상영했던 신민아 주연의 영화 《10억》의 촬영지이기도 하다. 하지만 피너클스는 1960년대 독일의 탐험가가 발견하기 전까지는 호주 사람들에게도 알려지지 않았던 미지의 땅이었다.

피너클스 *Pinnacles*는 퍼스에서 북쪽으로 약 200㎞, 차를 타고 열심히 달려도 족히 3시간 은 소요되는 먼 거리지만, 이동 중 틈틈이 색다른 자연 경관을 보거나, 캥거루와 코알라를 만나거나, 중간에 사막에서 신나는 샌드보딩을 즐긴다면 결코 지루하지 않다.

단 한 점의 그늘도 허락하지 않는 광활한 사막과 파란 하늘을 받치고 선 석회암 기둥은 그 자체로 여행객을 압도한다. 1만 5천여 개의 각양각색 석회암 기둥이 솟아 있는 사막. 사막 위에 서 있는 석회암 기둥들이 장관을 이룬 피너클스에서는 높이가 불과 몇 10㎝인 것 부터 5m인 것까지 다양한 석회암 기둥들을 볼 수가 있다. 마치 사막에 조각을 해 놓은 듯, 표면에 현무암처럼 구멍이 뚫려 있는 것도 있어 모양과 크기가 전부 제각각이다. 이곳 피너클스 사막 또한 랜셀린의 모래 언덕처럼 대서양의 산호 해변에서 날아온 모래가 퇴적되며 형성된 곳으로 아직도 끊임없이 침식과 풍화 작용으로 변하고 있어 매일 모습이 달라지는 신비한 곳이기도 하다.

해 질 녘, 사막에 그려지는 수많은 기둥의 그림자는 말로 형언할 수 없는 분위기를 연출한다. '바람이 부는 강'이라는 원주민 말처럼 바람은 지금도 조금씩 피너클스의 모습을 변화시킨다. 사막 끝으로 멀리 바다가 내다보이고 그 배경에 힘입어 기둥은 더욱 웅장한 모습으로 생명력을 더한다.

석회암 기둥은 오랜 세월을 거친 풍화 작용의 산물이다. 파란 하늘을 배경으로 원시 바위 위에 올라선 이들에게 앵글을 들이대면 그야말로 그림이 되고 작품이 된다. 넓게 펼쳐진 거친 대지에 땅에서 솟은 것 같은 수천 개의 석회암 기둥을 보고 있노라면 마치 다른 행성에 온 듯한 착각마저 든다. 곱게 풍화된 모래가 펼쳐진 이곳에서는 맨발로 직접 대지의 기운을 느끼는 여행자도 있다. 석회암 기둥은 풍화된 모양도 다양해 캥거루와 돌고래를 닮은 피너클스를 찾아보는 것도 또 다른 즐거움이다.

피너클스 가는 길

📍 랜셀린 로드로 진입(5.2㎞ 이동) ▶ 인디언 오션 드라이브 진입(60번 도로, 65㎞ 이동) ▶ 우회전하여 한센 로드 진입(5.6㎞ 이동) ▶ 우회전하여 피너클스 드라이브로 진입 (2.8㎞ 이동), (총 81㎞, 1시간 20분 소요)

퍼스에서 피너클스로 가는 길은 두 갈래이다. 1번 고속도로를 따라가거나 인도양을 따라 멋진 경치와 여유를 즐기면서 가는 코스인데, 두 코스의 거리 차는 70㎞이다.

1) 1번 고속도로 *Brand Hwy*를 따라 북쪽으로 제럴턴 *Geraldton*으로 올라가다 200㎞ 지점에서 세르반테스 *Cervantes*로 향하는 비비 로드 *Bibby Rd*로 좌회전한다.(※ 비비 로드 진입 시 감속 주의 – 내리막길을 110㎞/h로 달리다 보면 진입하기 100m 전에 이정표가 불쑥 나타나니 감속해야 한다.) 비비 로드를 따라 인근에 풍력 발전소가 보인다면 제대로 온 것이다. 50㎞를 더 달리면 세르반테스 마을이 나오며 여기서 다시 20㎞를 가면 피너클스에 도착한다.

2) 퍼스 시내를 지나 60번 도로인 인디언 오션 드라이브 도로 *Indian Ocean Drive*를 따라 북쪽

방향으로 랜셀린을 지나 피너클스에 도착한다. 코스 간의 거리 차는 70㎞나 되지만 고속도로로 달리는 시간이나 해안도로를 달리며 중간 중간 쉬면서 가는 시간과 비슷하다고 생각이 든다. 또한, 인디언 오션 드라이브 도로는 폭이 좁고 도로 사정이 고속도로보다는 좋지 못하다. 운전에 자신이 없거나 쉽게 가고 싶다면 고속도로를 추천한다.

Tip

피너클스(남붕 국립공원) **이용 시 주의 사항**

1. 매점이나 편의 시설 등이 없으므로 간단하게 음료와 식료품을 챙겨 간다.

2. 야생 동물(캥거루, 에뮤 등)이 많으므로 특히 야간 운전 때는 주의한다.

3. 여름 성수기에는 선크림과 음료를 충분히 챙기고 파리 떼에 대비한다.

4. 보통 뜨거운 햇빛이 비치는 10시부터 15시 사이는 피하자. 구경하거나 사진 촬영에 좋은 시간은 해가 지기 시작하는 1시간 전후이다.

5. 야간 촬영도 할 수 있으며 단속 시 숙박을 하지 않고 촬영만 할 것이라고 말하면 문제 될 것이 없다.

6. 순환로를 따라 차량이 진입할 수 있다. 한 방향으로 진행해야 하므로 이때에는 진입 방향을 잘 찾아 운행하면 된다. 캠퍼 밴 같은 큰 차량인 경우 일부 구간에서 좁은 길이 나타나므로 야간에는 주의하여 운행하여야 한다.

7. 피너클스는 생각보다 키가 작은 돌기둥들도 많이 있다. 멋진 포즈로 사진을 찍고 싶어도 피너클스 위로 오르는 행동은 금지된 것이니 절대 올라서면 안 된다.

남붕국립공원 일대의 지질

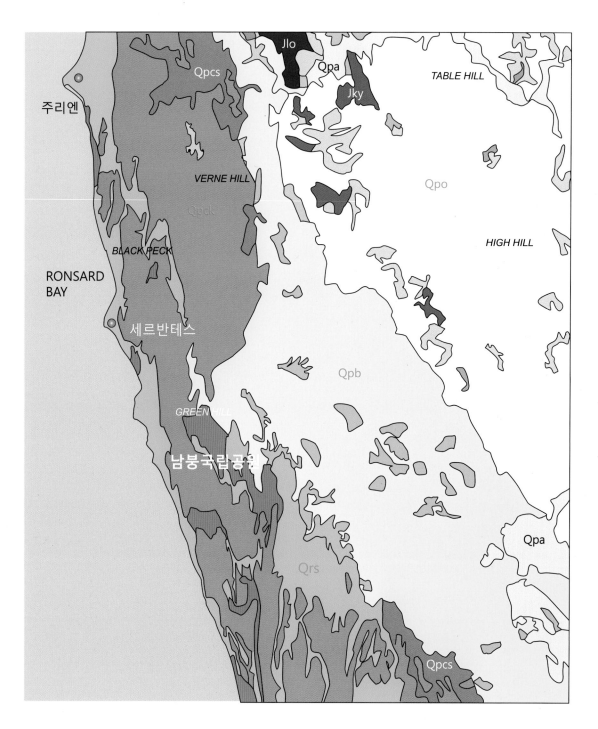

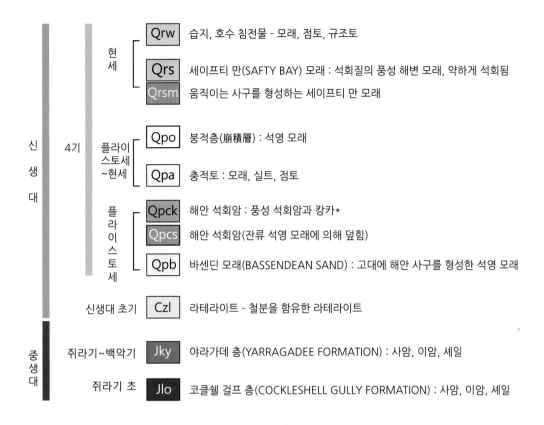

신생대	4기	현세	Qrw	습지, 호수 침전물 - 모래, 점토, 규조토
			Qrs	세이프티 만(SAFTY BAY) 모래 : 석회질의 풍성 해변 모래, 약하게 석회됨
			Qrsm	움직이는 사구를 형성하는 세이프티 만 모래
		플라이스토세~현세	Qpo	붕적층(崩積層) : 석영 모래
			Qpa	충적토 : 모래, 실트, 점토
		플라이스토세	Qpck	해안 석회암 : 풍성 석회암과 캉카*
			Qpcs	해안 석회암(잔류 석영 모래에 의해 덮힘)
			Qpb	바센딘 모래(BASSENDEAN SAND) : 고대에 해안 사구를 형성한 석영 모래
	신생대 초기		Czl	라테라이트 - 철분을 함유한 라테라이트
중생대	쥐라기~백악기		Jky	야라가데 층(YARRAGADEE FORMATION) : 사암, 이암, 셰일
	쥐라기 초		Jlo	코클쉘 걸프 층(COCKLESHELL GULLY FORMATION) : 사암, 이암, 셰일

* 붕적층 : 유수에 의해 물질이 운반 퇴적되어 이루어지는 충적층(沖積層)에 상대되는 용어로서 사면이동(mass movement)에 의해 사면의 하부로 이동되어 쌓이는 물질의 퇴적층을 말한다.

* 캉카(kankar) : 유괴상태의 다양한 석회석으로 해면과 같은 성질이며 상당량의 점토와 규산질 물질을 함유하고 있음.

이 지역은 전체적으로 선캄브리아 시기의 암석이 기반암을 이루고 있다. 고생대 페름기에 주리엔 베이 동쪽의 문비네아 지역에 부분적으로 셰일, 석회암 등이 퇴적되었고, 그 위에 정합으로(연속적으로) 트라이아스기 하부 퇴적층이 형성되었다. 이후 커다란 지각 변동으로 연속적인 정단층이 형성되었다.

플라이스토세*Pleistocene*는 신생대의 마지막 단계이며 오늘날과 같은 기후 상태와 대륙 빙하가 발달하였던 시기가 교대로 나타나는 대단히 불안정한 기후였다. 이 시기에 지표에는 동쪽 해안선을 따라 길게 코스탈 석회암*Costal Limestone*이 퇴적되었고 그 주변에 충적층이 길게 퇴적되었다. 이 코스탈 석회암이 피너클스를 만든 암석이다. 이후 풍성 기원의 모래 실트, 점토의 충적층이 형성되었다.

피너클스의 생성

수백만 년 전(플라이스토세) 이곳은 하부에 석회암이 퇴적되었다. 이후 산호 해변에서 날아온 모래가 퇴적되어 충적토를 만들었다.

겨울에 내린 비가 탄산칼슘 입자와 반응하여 석회암의 균열을 가져왔고 물의 동결 작용으로 균열의 틈을 넓혔다. 이후 그 틈에는 석영질의 모래가 채워져 굳었다.

점차 균열의 틈은 넓어지고 그 사이로 모래가 주요 입자인 사암이 퇴적되었다.

다시 바람에 의해 지표 위에 쌓인 모래가 날아가면서 석회암 기둥은 표면 위로 그 모습이 드러나게 되었다.

피너클스 캐러밴 파크에서 찍은 밤하늘 Nikon D800, 16mm어안렌즈, ISO1000, F 3.5, 25s

칼바리 국립공원

Kalbarri Western Australia

칼바리(Kalbari)
퍼스

퍼스

칼바리 *Kalbarri*

칼바리 *Kalbarri*는 넓이가 1,830㎢에 이르는, 서호주에서 가장 넓은 국립공원이 있는 곳이다. 이곳에서는 작은 마을이 맑은 바다와 울창한 숲 그리고 거대한 협곡에 둘러싸여 있어 자연의 웅장함을 온몸으로 느낄 수 있다. 덕분에 칼바리는 다양한 해양 레포츠와 낚시, 모래 언덕을 누비는 샌드보딩 등을 즐길 수 있는 휴양지인 동시에 가파른 골짜기와 수백만 년 동안 침식된 울퉁불퉁한 붉은 토양을 밟으며 트래킹을 즐길 수 있는 탐험지이기도 하다.

칼바리 중심지에서 자동차로 약 40분 거리에 있는 칼바리 국립공원은 오로지 자연의 힘으로만 빚어진 가파른 절벽과 협곡이 끝없이 펼쳐져 있다. 이곳은 아직 개발과 탐험이 덜 된 지역이어서 접근이 불편하고 제한되는 곳이 많지만, 그만큼 자연 그대로의 모습을 보여주기도 한다. 그중에서 관광객들이 가장 많이 찾는 곳은 단연 Z-벤드 *Z-Bend*와 네이처스 윈도 *Nature's Window*, 내추럴 브리지 *Natural Bridge*이다. 이들은 모두 고생대 퇴적층을 자연이 조각한 작품들이다.

헛 라군 *Hutt Lagoon*

헛 라군*Hutt Lagoon*은 포트 그레고리*Port Gregory*라는 바다가 무척 아름다운 작은 마을에 있는 소금호수이다. 구멍가게 하나에 몇 안 되는 집들이 옹기종기 모여 있어 여기서 사람이 어떻게 살까 하는 생각이 들기도 하는데, 서호주에는 이렇게 작은 마을들이 많다.

◉ 헛 라군(Hutt Lagoon)
◉ 퍼스

퍼스에서 제럴턴*Geraldton*를 지나고 노샘프턴*Northampton*을 지나가다 보면 칼바리로 들어가는 갈림길이 나온다. 여기서 포트 그레고리 쪽으로 5㎞ 정도만 더 들어가면, 도로 가장자리에 차를 세워 두고 호수로 들어갈 수 있다. 샤크 베이의 데넘 지역처럼 크게 우회해서 들어가야 하는 지역이라 이 지역 정보가 없는 관광객들은 대부분 지나치게 된다. 하지만 지나치면 정말 후회할 정도로 매력적인 지역이라는 것을 잊지 말자.

이곳은 인도양의 바닷물을 가둔 다음 당근의 주성분인 베타카로틴을 호수에 섞어 베타카로틴이 함유된 소금도 생산해 내고 이를 관광 상품으로도 연계했다. 베타카로틴 하나로 호수가 이렇게 핑크색을 띠게 되는 경이로운 자연 현상을 볼 수 있는 곳이다.

헛라군 가는 길

남붕국립공원 ▶ 피너클스 드라이브로 진입(2.8㎞ 이동) ▶ 인디언 오션 드라이브(60번 도로, 136㎞ 이동) ▶ 브랜드 하이웨이 좌회전(1번 도로, 23㎞ 이동) ▶ 동가라에서 우회전(1번 도로, 123㎞ 이동) ▶ 노샘프턴 우회전, 포트 그레고리 도로(44㎞ 이동) ▶ 헛 라군(총 338㎞, 3시간 50분 소요)

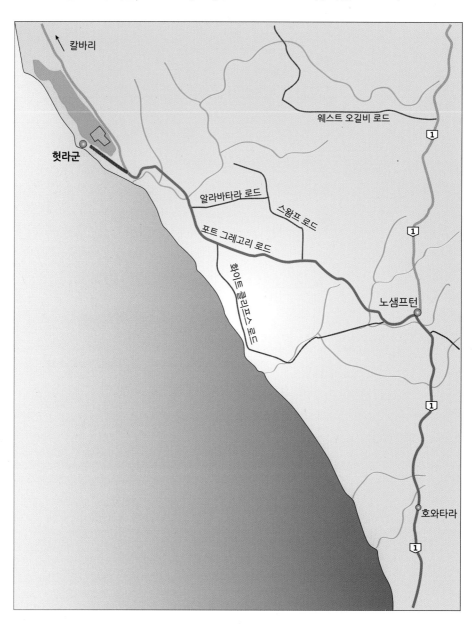

핑크 호수 *Pink Lake in Western Australia*

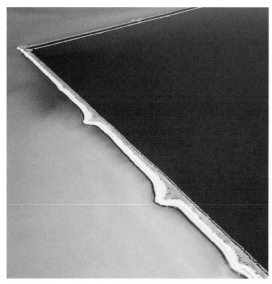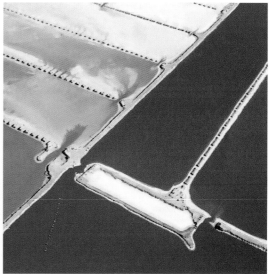

영국의 사진작가 Steve Beck 촬영

세계에서 여덟 곳 밖에 없다는 이 핑크 호수를 서호주에서 만나볼 수 있다. 길이가 14㎞이며 폭이 2㎞인 헛 라군 *Hutt Lagoon* 은 해변 경계선 골 *ridge* 과 해변 모래 제방으로 인하여 인도양과 분리된 상태이다.

현재는 25㎢ 중 약 4.5㎢가 조류 *algae* 농장으로 사용되고 있다. 이곳은 높은 염도를 이용해서 염전 사업을 하는데, 1980년대 이전에 식탁용 소금이 동쪽 호수에서 생산되었고 오늘날에는 굵은 소금을 포함한 다양한 소금을 생산해 내고 있다.

이 헛 라군은 베타카로틴 *Beta-Carotene* 때문에 호수가 핑크색을 띤 소금 염전 농장 지대이다. 붉은 천연 색소를 띤 조류를 재배하는 농장 지대라 호수가 붉은빛을 내고 있다. 특히 여름철에는 호수 표면 95% 정도가 소금 염전 상태라고 한다.

이곳은 항상 핑크빛을 띠는 것은 아니지만 고농축 염수에 사는 새우와 초록 해조류의 영향으로 색이 바뀌곤 한다. 일단, 바다의 염분보다 호수의 염분이 더 높은 상태가 되고 기온이 높고 일사량이 충족된다면 해조류들은 비타민 A의 전구체인 붉은 색소의 베타카로틴을 모으기 시작한다. 생존을 위해 염분을 필요로 하는 호염성 세균 할로박테리아 *Halobacteria* 는 호수 바닥에 있는 소금의 표면에서 증식하기 시작하고, 호수는 드로세라 살리 *D. salina* (100% 천연 해조류)와 호염성 세균의 균형을 맞추기 위해 분홍빛을 띠게 된다.

· 노샘프턴에서 칼바리로 향하는 도중에 만나는 핑크 호수 *Pink Lake* 라 불리는 헛 라군 *Hutt Lagoon* 은 가급적 오전 10시에서 12시쯤에 들러 보자. 이때는 핑크색 물결의 호수가 장관을 이룬다. 그 외의 시간은 햇빛의 각도에 따라 핑크색 강도가 바뀐다고 하니 참고하자.

· 가장 좋은 관측지는 포트 그레고리 방향에서 보는 것이다. 칼바리와 포트 그레고리로 나누어 지는 갈림길에서 4㎞ 정도 되는 거리이니 칼바리 가는 길에 수고스럽더라도 조금 이동하여 관 찰하는 것이 좋다.

그레고리에서 보는 헛 라군의 모습. 앞의 하얀 것은 소금이 결정화된 것이다.

칼바리 국립공원 *Kalbarri National Park*

칼바리 중심지에서 자동차로 약 40분 거리에 있는 칼바리 국립공원은 밀림 한가운데에 우뚝 솟은 또 하나의 거대한 자연 조각품이다. 오랜 세월 자연의 힘이 조각한 가파른 절벽과 협곡들이 펼쳐진 태고의 신비가 숨 쉬고 있는 곳이다. 칼바리 지역은 대부분 고생대 오르도비스기(약 5억~4억 4천만 년 전 기간)의 열대 지방에서 퇴적된 지층으로 이루어져 있다. 이런 칼바리 일대의 퇴적 분지를 남부 카나본 분지 *Southern Carnarvon Basin*라 한다.

고생대 오르도비스기에는 남부 카나본 분지와 호주는 서로 떨어져 있었다. 이후 호주와 한 몸이 되며 다양한 지각 변동을 받아 그 존재를 드러낸 남부 카나본 분지의 퇴적암은 오랜 세월 풍화를 받아 근사한 형태를 갖게 되었다. 오늘날 이 멋진 퇴적암 지대는 거의 전부가 국립공원으로 지정되어 사람들의 사랑을 받고 있다.

이곳 오르도비스기의 퇴적암은 주로 탐블라구다 *Tumblagooda* 사암이라 불리는 사암으로 이루어져 있다. 탐블라구다 사암은 붉은빛을 띠기 때문에 적색 지층 *Red Beds*으로 분류할 수 있다. 이 지층이 가장 잘 노출되는 곳은 칼바리 국립공원의 머치슨 *Murchison* 강 유역이나 인도양 연안에 발달한 해안 절벽이다. 그러나 칼바리 국립공원 지역은 아직 개발과 학술 탐사가 덜 되어서 관광객이 접근 가능한 장소는 대여섯 곳뿐이다.

칼바리 가는 길

남붕국립공원 ▶ 피너클스 드라이브로 진입(2.8㎞ 이동) ▶ 인디언 오션 드라이브(60번 도로, 136㎞ 이동) ▶ 브랜드 하이웨이 좌회전(1번 도로, 23㎞ 이동) ▶ 동가라에서 우회전(1번 도로, 123㎞ 이동) ▶ 노샘프턴 우회전, 포트 그레고리 도로(44㎞ 이동) ▶ 조지 그레이 도로(7.4㎞) ▶ 칼바리 국립공원 도착(총 393㎞, 4시간 30분 소요)

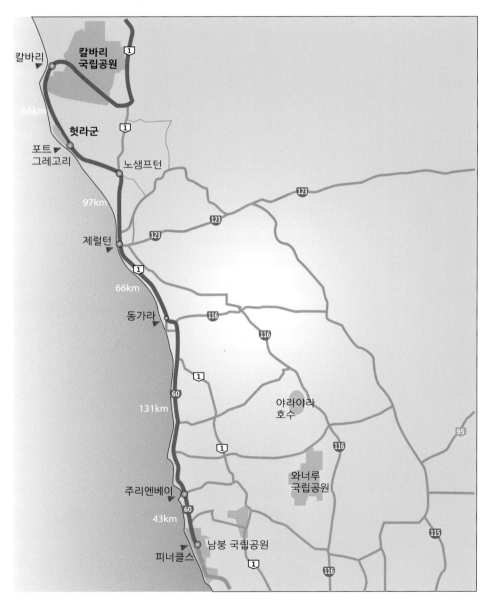

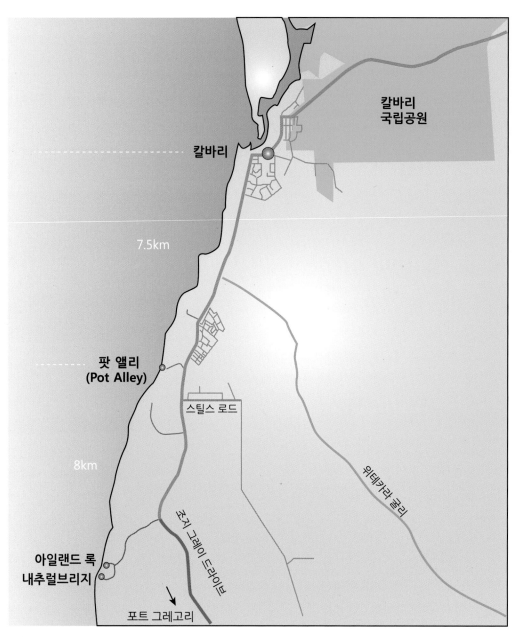

칼바리 국립공원

칼바리

7.5km

팟 앨리
(Pot Alley)

스틸스 로드

8km

위테카라 골리

아일랜드 록
내추럴브리지

조지 그레이 드라이브

포트 그레고리

칼바리의 내추럴 브리지 *Natural Bridge*와 아일랜드 록 *Island Rock*, 팟 앨리 *Pot Alley*

아일랜드 록

해안 절벽 *Coastal Cliffs*

제럴턴에서 칼바리 방향의 해안 도로인 조지 그레이 드라이브 *George Grey Drive*를 따라 올라가면 칼바리에서 15㎞ 정도 못 미친 도로 좌측으로 여러 표지판을 볼 수 있다. 내추럴 브리지까지 이르고 나서 그쪽으로 향하는 자그마한 도로로 접어들었을 무렵, 인도양의 거친바다가 암석을 침식해 만든 잊지 못할 환상적인 모습을 보여 준다.

융기된 고생대 오르도비스기의 퇴적층이 인도양의 파도에 점차 깎여 해식 절벽을 형성하고 있다. 웅장하고 아름다운 해안 절벽은 아주 단순하게 생각해서 1년에 1㎜씩 침식된다면 1만 년이면 10m, 1억 년이면 100㎞가 침식되어 나간다. 그렇게 긴 시간 깎여 나가고 지금도 깎여 나가는 중의 한 시절을 우리가 보고 있는 것이다.

내추럴 브리지

이러한 해안 절벽은 칼바리 연안을 따라 길게 발달해 있으나 가장 멋진 풍광을 자랑하는 곳은 내추럴 브리지 *Natural Bridge*와 아일랜드 록 *Island Rock*이라 불리는 곳이다. 세월의 시간을 간직한 퇴적암의 해식 절벽에 충리가 아름다움을 더하며 해식 절벽에서 분리되어 홀로 서 있는 아일랜드 록과 아직 분리되지는 않았지만 곧 분리될 것 같은 아슬아슬한 해식 동굴인 내추럴 브리지는 인도양의 파도가 만들어 놓은 걸작이다.

전망대 : 로스 그레이엄 *Ross Graham*, 호크스 헤드 *Hawks Head*

칼바리 시내에서 칼바리 국립공원으로 진입하여 아자나-칼바리 로드 *Ajana-Kalbarri Rd*를 따라 약 37㎞ 정도 달리면 칼바리 국립공원의 풍광을 한눈에 볼 수 있는 전망대 두 곳이 나온다. 한 곳은 로스 그레이엄 *Ross Graham*, 다른 한 곳은 호크스 헤드 *Hawks Head*이다. 여기까지는 도로가 잘 포장되어 있어 접근하기가 용이하다는 장점이 있다.

이곳 입구에서 판매하는 입장권(8인 탑승 차 1대당 $12)은 네이처스 윈도, Z-벤드로 들어갈 때 매표소에 보여 주면 무료로 입장이 가능하다. 호크스 헤드는 매표소로부터 약 3.5㎞ 정도 떨어져 있다. 서호주는 건기(5월~10월)와 우기(12월~3월)가 있는데, 우기를 거쳐 머치슨 강의 수위가 높을 때 이곳을 찾는 것이 더 멋진 경치를 즐기는 데 유리하다.

호크스 헤드 *Hawks Head*

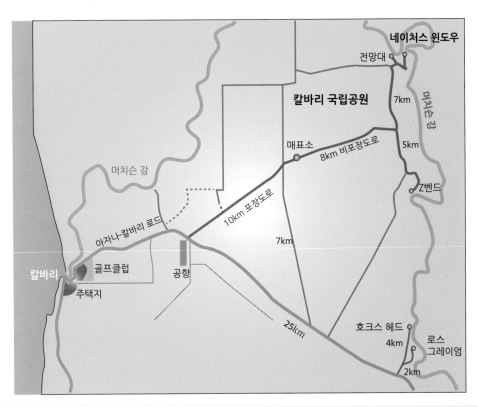

칼바리 국립공원

네이처스 윈도우

전망대

머치슨 강

7km

5km

매표소

8km 비포장도로

Z벤드

10km 포장도로

머치슨 강

아자나-칼바리 로드

7km

골프클럽

공항

칼바리

주택지

25km

호크스 헤드

4km

로스
그레이엄

2km

로스 그레이엄 전망대에서 본 노두와 머치슨 강

네이처스 윈도 *Nature's Window*、 Z-벤드 *Z-Bend*

　로스 그레이엄과 호크스 헤드 전망대로 가는 길과 달리 Z-벤드와 네이처스 윈도로 가는 길은 비포장도로이다. 하지만 많은 관광객들이 독특한 풍화·침식을 겪은 자연의 걸작을 보기 위해서 험한 비포장도로를 뚫고 찾아간다.

　칼바리 시내에서 아자나-칼바리 로드 *Ajana-Kalbarri Rd*를 따라가다 보면 칼바리 공항에서 네이처스 윈도로 진입할 수 있는 갈림길이 나온다. 여기서 10㎞ 정도 달리면 매표소가 나오고 비포장도로에 진입 후 약 8㎞를 달리면 다시 갈림길이 나온다. 왼쪽은 네이처스 윈도, 오른쪽은 Z-벤드이다. 여기서 우회전을 하여 Z-벤드로 향한다. Z-벤드 주차장에는 안내문과 야외 화장실이 있다. 주차장에서 약 600m를 걸으면 웅장한 협곡의 Z-벤드가 나온다. Z-벤드는 협곡의 모양이 Z자처럼 굽어 붙여진 이름이다.

Z-벤드의 노두와 머치슨 강. 건기라 강물이 말라 있다.

협곡 아래로 내려갈 수 있지만 왕복 약 2시간이 소요되고, 지형이 험하므로 시간과 음료가 충분하고 복장이 갖춰진 경우만 시도하는 것이 좋다.

마지막으로 찾아갈 곳은 칼바리에서 가장 유명한 곳인 네이처스 윈도이다. 네이처스 윈도 부근에는 또 다른 전망대가 갖춰져 있다. 먼저 전망대에 들른 후 네이처스 윈도로 가는 것도 좋다. 전망대 끝은 추락 위험이 있는 절벽 지역이므로 안전에 주의해야 한다. 전망대에서 다시 차량으로 이동하면 네이처스 윈도 주차장이 나오는데, 주차장에서부터 네이처스 윈도까지는 약 1km를 걸어야 한다.

네이처스 윈도는 퇴적층이 자연의 힘에 의해 풍화·침식되어 하부 퇴적층이 사라진 말 그대로 자연의 창, 즉 자연 아치이다. 미국 서부의 아치보다는 규모가 작지만, 자연적으로 생성된 아치 속으로 보이는 수백 미터 절벽 아래 머치슨 강의 절경은 매우 아름답다. 이곳 부근에는 전갈 발자국 화석이 종종 나타나는데, 이것을 찾아보는 것도 네이처스 윈도의 묘미이다.

네이처스 윈도에 도착하면 더 루프 *The Loop*라는 산책로가 있는데 머치슨 강과 협곡을 따라 한 바퀴 도는 코스(8km, 왕복 3~4시간)이다. 그늘이 없고 휴게소도 없으므로 음료와 간식 등을 충분히 챙겨 가는 것이 좋다.

네이처스 윈도에서의 은하수 모습. 남반구에서만 볼 수 있는 마젤란 성운들이 돋보인다.
D800, 16mm 어안 ISO 4000, F2.8, 38s

팟 앨리 *Pot Alley*

팟 앨리는 아일랜드 록에서 칼바리 쪽으로 약 8㎞ 떨어진 곳에 위치한다. 좌측으로 비포장도로를 따라 500여 미터를 달려야 팟 앨리 *Pot Alley*라는 이정표가 나온다.

이곳의 산 정상은 주차할 곳이 넉넉한 넓은 평지로 우측의 기묘한 풍화 퇴적층과 해변 사이의 골짜기에 형성된 앨리 고지의 모습, 그리고 아름다운 푸른 바다 물결을 볼 수 있는 곳이다. 다른 어느 글에도 소개되어 있지 않지만, 칼바리 일대에서 가장 아름다운 곳 중의 하나라고 말할 수 있다.

이정표 부근에 해변으로 내려갈 수 있는 작은 길이 있다. 왕복 30분 정도로 소요 시간이 짧으니 꼭 내려가 보자. 위에서 본 모습과는 다른 색다른 아름다움이 기다리고 있다. 길을 따라 내려가 보면 계곡 양쪽에는 담수 및 연안성 적색층으로 사암, 실트 스톤, 세립 역암으로 구성된 탐블라구다 사암 *Tumblagooda Sandstone*의 퇴적층이 아름답게 풍화되어 다양한 모습을 하고 있다. 지질학에 관심이 많다면 다양한 퇴적 구조를 공부할 수 있는 곳이다.

앨리 고지를 따라 내려가는 길

앨리 고지를 따라 끝까지 내려가면 아름다운 해변이 나온다.

팟 앨리의 숨은 보석, 해식 아치

팟 앨리 계곡을 따라 끝까지 내려가면 아름다운 해변이 나온다. 좌우측에 형성된 두터운 퇴적층은 시간의 역사가 내재된 광활한 아름다움을 느끼기에 충분하다. 또한 세립의 하얀 입자가 파도에 밀려올 때면 물속에 들어가고픈 충동이 인다.

사람들의 모습으로 아치의 규모를 짐작할 수 있다.

그러나 무엇보다도 가장 아름다운 절경은 해변에서 좌측 언덕으로 이동하여 올라가 바다를 바라보면 아름다운 해식 아치를 만나게 되는 것이다.

퇴적층의 층리면이 바다에 풍화되어 한 겹 한 겹 떨어지고 일부만이 남아 아치를 이루었다. 길이 10m, 높이 5m 정도로 사진으로 보는 것보다 규모가 크다.

하얀 파도가 밀려와 아치 사이로 물보라와 파도를 일으킬 때의 모습은 대단한 장관이다. 대부분의 여행자들은 팟 앨리도, 이곳에 숨어 있는 해식 동굴도 보지 못하고 칼바리를 떠나게 된다.

팟 앨리 정상 부근

팟 앨리 정상에서 바라본 해안 절경

1. 칼바리 국립공원에서 관광객들에게 개방된 네 곳의 탐사 순서는 Ross Graham → Hawks Head → Z-bend → Nature's window가 적당하다. 갈수록 감동이 더해지기 때문이다.

2. 칼바리 국립공원을 찾기 위해서는 약간의 준비가 필요하다. 매점 같은 곳은 눈을 씻고 찾아봐도 없으며 몹시 더운 허허벌판을 오래 걸어야 하므로 칼바리 시내에서 음료와 음식 등을 충분히 준비해 가야하고, 쓰레기를 수거해 올 비닐봉지도 필요하다.

3. 낮에는 너무 더워서 국립공원 안을 걸어 다니다 보면 고온으로 쓰러지거나 심하면 사망에 이를 수도 있다. 때문에 칼바리 안내 책자에도 반드시 이른 새벽 혹은 늦은 오후쯤에 들어가라고 적혀 있다.

4. 비포장도로에서 차량은 사륜구동이 최고이지만 이륜 차량도 갈 수는 있다. 다만 비포장도로에 패여 있는 바닥의 물결무늬로 인해 차량이 부서질 듯 요동친다. 이런 구간을 20㎞나 달려야 하므로 사륜구동 차량이 아닌 이상 저속으로 운행하며 차량 손상에 대비해야한다.

5. 칼바리는 칼바리 국립공원으로 가기 위한 전초 기지 역할을 한다. 물론 당일치기도 가능하지만 국립공원 외에 칼바리 해안 쪽에서도 볼거리가 많이 있다. 따라서 여유를 두고 칼바리에서 1박을 하고 둘러보는 것도 좋은 방법이다.

6. 칼바리 바닷가의 나지막한 언덕배기에는 조그만 전쟁 기념탑이 하나 세워져 있다. 기념탑의 한쪽 모서리에 새겨져 있는 '그리고 그들은 죽었습니다. 당신과 나를 위해'라는 글귀를 통해 호주 사람들의 평화에 대한 염원을 어렴풋이 엿볼 수 있다. 또한 이 기념탑에는 '한국전 참전, 1950~1953, 278명 사망'이라는 내용도 새겨져 있어 눈길을 끈다.

7. 네이처스 윈도 전망대에서 1박을 해 보는 것도 좋은 경험이다. 전망대에는 화장실과 넓은 주차장이 있다. 물은 공급되지 않는다. 따라서 조금은 불편하지만 완벽한 아웃백이 되는 것이다. 숙박이 허용되지는 않지만, 야간 촬영을 한다고 하면 문제 될 것이 없다. 실제로 CCTV를 보고 다음 날 담당자가 왔으나 입장료 문제만 언급할 뿐이었다.

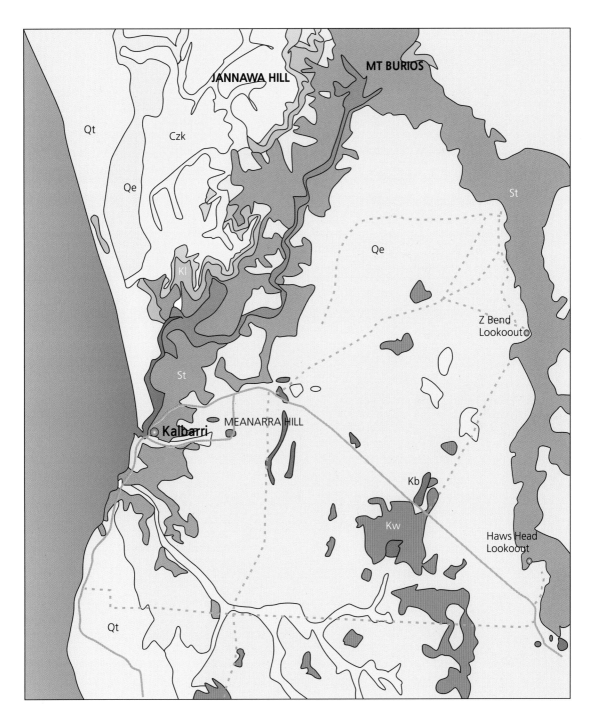

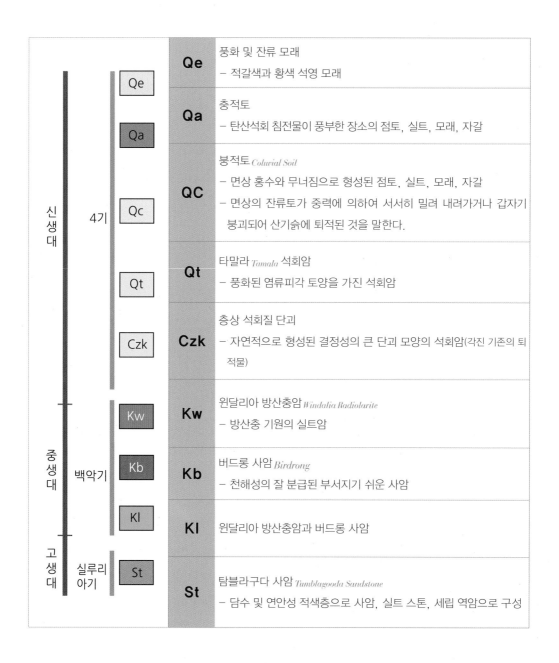

			Qe	풍화 및 잔류 모래 – 적갈색과 황색 석영 모래
신생대	4기	Qe		
		Qa	Qa	충적토 – 탄산석회 침전물이 풍부한 장소의 점토, 실트, 모래, 자갈
		Qc	QC	붕적토 Coluvial Soil – 면상 홍수와 무너짐으로 형성된 점토, 실트, 모래, 자갈 – 면상의 잔류토가 중력에 의하여 서서히 밀려 내려가거나 갑자기 붕괴되어 산기슭에 퇴적된 것을 말한다.
		Qt	Qt	타말라 Tamala 석회암 – 풍화된 염류피각 토양을 가진 석회암
		Czk	Czk	층상 석회질 단괴 – 자연적으로 형성된 결정성의 큰 단괴 모양의 석회암(각진 기존의 퇴적물)
중생대	백악기	Kw	Kw	윈달리아 방산충암 Windalia Radiolarite – 방산충 기원의 실트암
		Kb	Kb	버드롱 사암 Birdrong – 천해성의 잘 분급된 부서지기 쉬운 사암
		Kl	Kl	윈달리아 방산충암과 버드롱 사암
고생대	실루리 아기	St	St	탐블라구다 사암 Tumblagooda Sandstone – 담수 및 연안성 적색층으로 사암, 실트 스톤, 세립 역암으로 구성

칼바리 국립공원 일대는 북쪽으로는 고생대의 적색 사암이 둥글게 감싸고 있으며, 공원 내부의 분지는 대부분 신생대 제4기의 풍화 잔류물과 충적토 등으로 이루어져 있다. 국지적으로 중생대 백악기의 사암과 방산충 기원의 실트암이 나타난다.

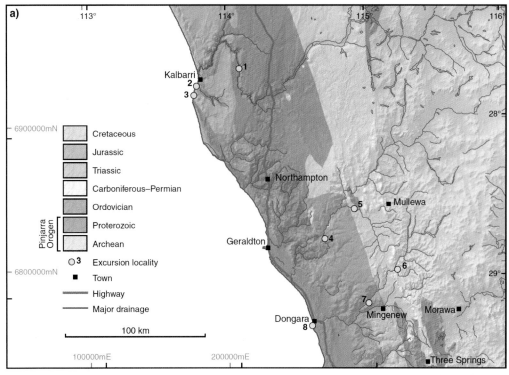

칼바리 일대의 시대별 암석 분포

칼바리는 지질학적으로 남부 카나본 분지 *Southern Carnarvon Basin*의 최남단부에 해당한다. 칼바리의 바로 남쪽으로는 퍼스 분지 *Perth Basin*의 중생대 트라이아스기 지층이 이어지고, 칼바리의 북쪽과 동쪽으로는 남부 카나본 분지의 오르도비스기의 지층과 백악기의 지층이 주를 이룬다.

남부 카나본 분지의 가장 오래된 암석은 캄브리아기 상부층부터 오르도비스기 하부층까지 이어진 것이지만, 노출된 부분이 많지 않아 자세히 알려져 있지 않다. 이에 반해 오르도비스기의 하천과 조간대의 모래사장, 연안 해안 등에서 퇴적된 적색 퇴적층(탐블라구다 사암)이 칼바리와 칼바리 국립공원의 머치슨 강 부근 협곡의 거의 대부분을 이룬다. 칼바리의 남쪽과 남동쪽 일대에는 백악기의 지층이 일부 나타난다.

탐블라구다 사암은 4억 년 전 형성된 적색 사암층으로 칼바리에서만 지표로 표출되고 다른 지역은 지하 1㎞에 나타나고 있다.

신선한 퇴적암의 색깔은 암석을 구성하고 있는 광물, 암편과 유기물의 색깔에 의해 결정된다. 퇴적물과 함께 쌓인 황화철과 생물체 조각은 퇴적암에서 흔히 어두운 색깔을 띠며, 환원 환경에서 퇴적되었음을 암시한다. 붉은색 또는 갈색의 퇴적암은 분말의 형태로 광물입자를 코팅하거나 점토 광물과 섞인 미세한 입자의 산화철 때문에 만들어지는데, 이는 산화 환경을 지시한다. 이렇게 사암, 이암, 셰일 등에 포함된 철 산화물로 인해 색이 빨간색으로 보이는 퇴적층을 적색 지층이라 한다.

적색 지층 생성의 예

$2FeO(OH)(침철석) \rightarrow Fe_2O_3(적철석) + H_2O(물)$

$Fe_2SiO_4(철감람석) + O_2(산소) \rightarrow Fe_2O_3(적철석) + SiO_2(석영)$

$4FeS_2(황철광) + 3O_2(산소) \rightarrow Fe_2O_3(적철석) + 8S(황)$

$4FeCO_3(능철석) + O_2(산소) \rightarrow 2Fe_2O_3(적철석) + 4CO_2(이산화탄소)$

연대	층 서		두께 (m)	암 석	층 리
데본기		Sweeney Mia Formation	>180		
실루리아기	KALBARI GROUP	Kopke Formation	530		
		Dirk Hartog Formation	740	석회암	수평엽층리
		Tumblagooda Sandstone	>1,400	사 암	곡사층리

Nikon D800, 14~24 Lens 14mm, ISO 2000, 30s

샤크 베이
해상공원

Shark Bay, Western Australia

멍키 미아(Monkey Mia)
퍼스

샤크 베이 *Shark Bay*

호주 서쪽 끝에 있는 샤크 베이는 여러 섬에 둘러싸인 놀라운 해안 풍광을 자랑하며 뛰어난 자연적 특성을 지니고 있는 곳이다. 면적이 4,800㎢나 되는, 세계에서 종 다양성이 가장 뛰어난 거대한 해조 숲이 있으며, 약 11,000개체로 추정되는 듀공 개체군이 서식하고, 지구에서 가장 오래된 생명체 가운데 하나인 스트로마톨라이트가 있는 곳이다. 지구 역사의 약 85%인 30억 년 동안 활동했던 생물의 유일한 증거는 스트로마톨라이트로, 그 다양성이 절정에 달했던 8억 5천만 년 전 모습이 하멜린 풀에 보존되어 있다.

샤크 베이는 서호주에서 가장 먼저 세계 유산으로 선정된 곳으로, 호주에서 가장 유명한 멍키 미아 *Monkey Mia*에서 온순한 돌고래를 보고 먹이를 주는 체험을 할 수 있다. 또한 수많은 해변과 작은 해협에서 다양한 해양 활동을 즐길 수 있다. 수정처럼 맑은 터키색 바닷물에서 독특한 해양 생물인 듀공. 쥐가오리, 바다거북도 만날 수 있다. 샤크 베이는 웅장한 해안 절벽에서부터 조용한 갯벌과 모래사장에 이르기까지 대자연의 볼거리로 가득하다. 공원 내부의 얕은 물에서는 각종 물고기, 새우, 가리비와 게를 비롯하여, 희귀한 해양 생물인 산호, 바다거북, 고래, 돌고래, 바다뱀, 상어 등을 관찰할 수 있다.

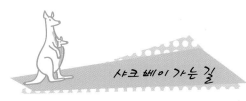

샤크 베이 가는 길

칼바리 ▶ 아자나−칼바리 도로로 계속 진행(66㎞ 이동) ▶ 좌회전하여 노스 웨스트 코스탈 하이웨이(180㎞ 이동) ▶ 좌회전하여 데넘−하멜린 도로/샤크 베이 도로에 진입(128㎞) ▶ 우회 전하여 멍키 미아 도로에 진입(25㎞ 이동) ▶ 샤크 베이 도착(총 400㎞, 5시간 20분 소요)

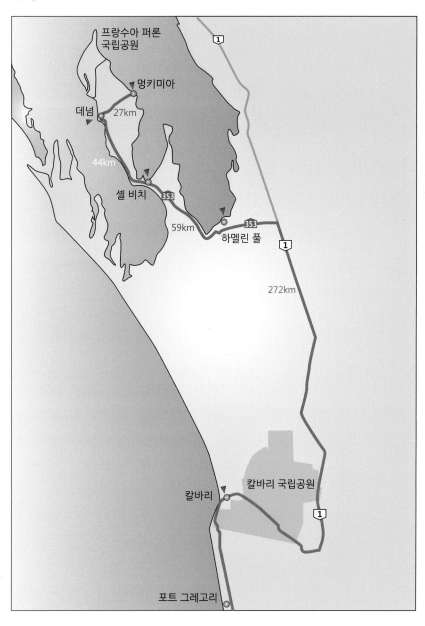

하멜린 풀 *Hamelin Pool*

　46억 년 전 지구의 탄생에서부터 현재에 이르기까지 지구에서 수많은 변화가 있었다. 지구 생성 초기의 원시 바다와 원시 대륙은 지금의 모습과는 너무도 다른 모습을 지니고 있었다. 지구 생성 초기의 원시 바다는 마그마의 바다라고 불릴 만큼 바다가 아닌 마그마 그 자체였다. 시간이 지남에 따라 서서히 식어 가면서 마그마가 굳기 시작했고 결국 단단한 암석으로 바뀌어 갔다. 그리고 마그마가 굳으면서 발생한 수증기가 구름이 되어 비를 뿌렸으며 초기의 바다를 낳았다.

　바다의 탄생과 더불어 우리가 또 하나 주목해야 할 것이 바로 스트로마톨라이트라는 퇴적 구조이다. 스트로마톨라이트는 4억 5천만 년 전 호주의 하멜린 풀에서 자생한 생명체로, 시아노박테리아에 의해 생성되어 광합성 작용을 통하여 대기 중에 산소를 발생시켰고, 이에 따라 육상의 동식물들이 서식할 수 있는 환경이 만들어졌다. 이렇듯 스트로마톨라이트의 출현은 지구 환경이 급격하고 다양한 진화를 이룰 기회를 주었다.

　살아 있는 현생 스트로마톨라이트가 존재하는 하멜린 풀. 이곳에서 지질 시대의 산소를 만든 생명의 기적을 이룬 스트로마톨라이트를 만나게 된다.

　아름답고 푸른 바다와 더불어 다양한 환경에서 서로 다른 모습으로 강인한 생명력을 유지하고 있는 스트로마톨라이트를 관찰해 보자.

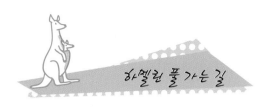

퍼스를 출발하여 1번 고속도로를 타고 제럴턴을 거쳐 샤크 베이의 관문인 오버랜더 로드하우스에서 데넘 *Denham* 방향으로 좌회전한다.

데넘 방향으로 27km 정도 가다 보면 하멜린 풀로 들어가는 길이 나온다. 여기서 다시 6km를 더 들어가면 하멜린 풀에 도착한다. 길이 끝난다는 안내 표지판과 함께 캐러밴 파크가 보이는데, 여기에 차를 세우고 왕복 1시간 정도를 걸어야 한다. 관찰 장소에 접근하려면 1m 높이의 나무로 된 가설 다리를 이용해야 하며, 이곳에서 해안에 펼쳐진 스트로마톨라이트를 관찰할 수 있다(바다로 내려가서 직접 스트로마톨라이트를 관찰하는 것은 보호법에 따라 금지되어 있다. 자칫 수천 달러에 이르는 벌금을 물 수도 있다고 하니 주의하여야 한다).

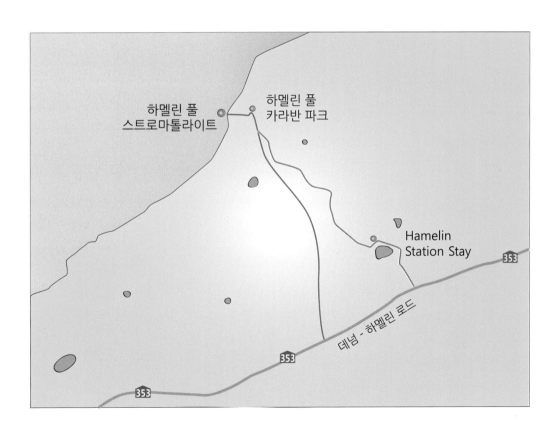

샤크 베이 지역에 위치한 하멜린 풀. 이곳에는 세계 최대의 스트로마톨라이트 군락지가 있다. 얼핏 보기에는 평범한 바위처럼 생겼지만, 매년 일정 크기만큼 성장하는 어엿한 현생 생물에 의한 퇴적 구조이다.

초기 지구의 탄생과 관계된 시아노박테리아(남세균)가 광합성을 통하여 지구에 산소를 공급하면서 생물의 다양성을 갖게 해 준 스트로마톨라이트를 직접 볼 수 있는 곳이다. 경로 표시가 명확치 않아 캐러밴 파크로 진입할 확률이 높다. 그 이전에 작은 비포장 길로 들어서야 제대로 도착할 수 있다. 특별히 안내하는 사람도 없는 한적한 곳이다. 여름철 시기의 샤크 베이 지역은 50℃를 넘는데, 주차장에서 왕복 1시간 거리를 뜨거운 땡볕 아래를 걸어야 스트로마톨라이트와 만날 수 있지만, 실제 거리는 짧아 왕복하는 데 어려움은 없다.

샤크 베이 해변에 도달하면 셀 비치 벽돌로 만든 안내 건축물과 바다를 향해 뻗은 나무 다리를 볼 수 있다.

이곳 하멜린 풀에서는 여러 종류의 스트로마톨라이트를 볼 수 있다. 우선 나무다리를 걷다 보면 제일 먼저 이렇게 붉은색의 모자를 쓰고 있는 듯한 스트로마톨라이트를 볼 수 있다. 바닷속에서 바닷물의 부유 물질을 몸에 붙이면서 성장하는 스트로마톨라이트는 바닷물이 없는 곳에서는 성장할 수 없다. 표면이 이렇게 붉게 변한 이유는 스트로마톨라이트가 지닌 철 성분이 노출되어 산소

죽어서 표면이 산화된 스트로마톨라이트

와 만나 산화되면서 산화철로 변했기 때문이다. 나무다리의 시작 지점이 해수면이 제일 낮은 곳이기 때문에 이처럼 성장을 멈춘 스트로마톨라이트를 가장 먼저 만나게 되는 것이다.

나무다리를 따라 조금 깊은 곳으로 이동하면 사진과 같이 표면이 붉지 않은 스트로마톨라이트가 나타난다. 스트로마톨라이트는 염분이 높은 해수에서 성장하기 때문에 조간대 지역에서 해수의 공급이 성장을 좌우한다. 따라서 썰물일 때는 윗부분이 물에 닿지 않아 성장을 멈추고 밀물일 때에는 물과 접촉하는 옆으로 성장하게 된다.

해수의 높이가 변화하는 조간대에서의
스트로마톨라이트

하멜린 풀의 스트로마톨라이트의 형태는 물의 깊이에 따라 다르다. 따라서 위치한 곳이 해안가에서 얼마나 떨어졌느냐에 따라 형태가 다르다.

물이 항상 공급되어 사방이 조류와 물결의 영향을 받아 시아노박테리아가 성장할 수 있는 곳에서는 겹겹의 층이 수직으로 발달하여 버섯 모양의 스트로마톨라이트가 생성되고, 해안 가까운 곳에서는 물의 공급이 약해 물에 닿은 옆 부분만 성장하여 위가 편평한 모양의 스트로마톨라이트가 생성된다.

항상 물속에 존재하는 스트로마톨라이트

조간대에서의 스트로마톨라이트
사진의 위쪽은 물의 공급이 원활하여 위쪽으로도 성장하지만, 아래쪽은 물이 위로는 공급되지 않아 옆으로만 성장하는 것을 볼 수 있다

　스트로마톨라이트는 나무의 나이테처럼 바깥쪽으로 성장하는데 그들의 내부 성장 곡선은 살아 있는 동안 이 지역의 환경 변화에 대한 정보를 제공한다. 그밖에 스트로마톨라이트의 성장 곡선 연구로 과거 지구의 낮의 길이 변화, 태양의 고도 변화, 지구 자전 속도의 변화를 추정할 수 있다고 한다.

○ 제럴턴을 지나 북쪽으로 가면 물가와 기름값이 퍼스에 비해 엄청 비싸다. 가능하면 퍼스나 제럴턴에서 필요한 물건들을 준비해 가며 혹시 모를 향수병에 대비해 퍼스에서 한국 식품들을 챙겨 가지고 가는 것도 좋다.

○ 샤크 베이는 조수가 큰 편이다. 그래서 썰물 때 스트로마톨라이트를 보는 것이 가장 좋다. 밀물 때에는 스트로마톨라이트가 해수에 잠겨 있어 관찰이 어렵다.

○ 하멜린의 썰물, 밀물 시간을 알려 주는 사이트 : http://tides.willyweather. com.au/wa/gascoyne/hamelin-pool.html

○ 하멜린 풀은 일반적으로 파리가 정말 많다. 사람들 모두 플라잉 넷을 착용하고 다닌다.

○ 차가 별로 없어 속도를 내면서 운전하게 되는데, 호주는 도로 순찰차 일부를 일반 차량으로 하므로 주의해야 한다.

○ 한여름에 이곳을 방문하게 된다면 정오(12시) 무렵에 샤크 베이 국립공원에서 그림자를 확인해 보자. 우리나라와는 달리 그림자가 거의 없음을 확인할 수 있을 것이다. 이곳의 위도는 약 25°로 남회귀선인 23.5° 근처이기 때문에 그림자가 거의 생기지 않는다.

수직으로 비추는 태양으로 인해 그림자가 생기지 않는다.

이곳 주변에는 무엇이 있을까?

○ 근처에 있는 다른 방문객 시설로는 퍼스와 로번 사이의 통신을 담당했던, 1884년에 지어진 오래된 하멜린 풀 전신국이 있다. 현재 이 건물은 박물관으로 사용되고 있다. 스트로마톨라이트가 발견되기 오래전에 하멜린 풀은 중요한 운송 수단이었고 소통의 중심이었다. 그래서 전신국이 지역의 이정표가 된 후에 플린트 클리프 텔레그래프 스테이션 *Flint Cliff Telegraph Station*이라 이름 지어졌고, 1950년대 말 공공 텔렉스 *Telex* 시스템이 발달하기 전까지 서호주 통신 시스템에서 중요한 역할을 했다.

○ 또한 1900년대 초반 플래그폴 랜딩 *Flagpole Landing*이라고 알려진 하멜린 풀은 중요한 운송 종착역이었고, 주변 역들로부터 울 *wool*을 공급하기도 하고 들여오기도 하는 화물 선박을 위한 지점이었다. 그곳에는 도로가 없어 울은 퍼스까지 말과 카트에 실려 해안선에 닿을 수 있는 작은 선박까지 운반되었다. 몇십 년이 지난 오늘까지 이러한 카트로 생긴 바퀴 자국이 남아 있으며, 이 자국은 해변의 조류 집단 안에서도 보인다.

○ 전신국의 역사는 현지 직원과 함께 작은 박물관을 투어하면 알 수 있다. 전신국이 완전히 자동화되면서부터 박물관 내부는 스트로마톨라이트 전시와 함께 유적지가 되었다.

· 1번 노스웨스트 하이웨이에서 353번 샤크 베이 로드로 갈라지는 부근에 오버랜더 로드하우스가 있고 도로 건너편에는 기념사진을 찍고 싶은 세계 문화유산 표지석이 있다.

· 전신국 구역 내의 캐러밴 파크에는 스낵이나 음료 및 기념품을 제공하는 개인 찻집이 있다.

· 오래된 전신국과 스트로마톨라이트 산책로를 연결하는 1.4㎞의 구부러진 트랙을 워킹 트랙이라고 부른다. 가장 흥미로운 것은 스트로마톨라이트지만, 오래된 조개껍데기 벽돌 채석장, 무덤과 옛 전신 라인 유적 등 다른 흥미로운 역사 유적지도 있다. 이곳에 있는 정보 표지판에 이러한 지형의 중요성이 설명되어 있다.

· 오래된 전신국에 위치한 캐러밴 파크 캠프장에서 숙박할 수 있으며 화장실, 샤워 시설, 물, 공중전화 시설을 이용할 수 있다.

· 하멜린 풀에 대한 입장료는 없다. 그러나 하멜린 풀 전신국에 있는 박물관이나 캠핑장을 방문하고자 하는 경우 입장료가 적용된다. 더 많은 정보를 얻기 위해서는 직접 전신국 직원과 연락해 보면 된다. (하멜린 풀 전신국 전화 : 08 9942 5905, 팩스 : 08 9942 5989)

셸 비치 *Shell Beach*

셸 비치는 데넘 *Denham*의 동쪽 40㎞ 지점, 하멜린 풀에서 데넘-하멜린 로드를 타고 약 60㎞에 위치한다. 하얀 조개껍데기로 뒤덮인 해안이 110㎞ 이상이나 이어진 해변으로, 하얀 모래밭이 짙푸른 바다와 조화되어 아름다운 풍경을 이룬다. 멀리서 셸 비치를 보게 된다면 단순히 하얀 백사장에 파란 바다와 같은 색의 하늘이 멋스럽게 조화를 이루고 있다고 생각할지도 모르겠지만, 여느 백사장과는 다른 점이 있다. 바로 이곳의 이름에서도 알 수 있듯이 셸 *Shell*, 즉 조개껍데기로 이루어진 해변이라는 것이다.

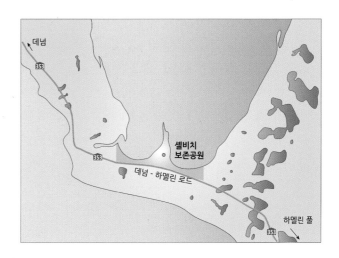

새하얀 해변을 만들어낸 주인공은 바로 수백만 개의 조개껍데기들. 이곳의 조개껍데기들의 크기는 크지 않아 평균 1㎝ 정도 되는 듯하다. 거의 모든 조개껍데기가 *Cardiid Cockle*이라는 학명으로 알려진 하얀 패각류들이다.

약 1㎝ 크기의 조개가 이곳에 쌓이기 시작한 것은 지금으로부터 약 4천 년 전이라고 한다. 이들이 죽으면 조류, 바람, 파도는 이들을 연안으로 운반한다. 이곳은 지형적으로 긴 만Bay과 만Bay 사이에 위치하고 있어 침식이 일어나지 않기 때문에 이렇게 운반된 조개껍데기들이 계속해서 쌓이게 되는 것이다. 때로는 폭풍에 의해 조개껍데기로 이루어진 해안의 굴곡이 새롭게 변화되기도 한다. 긴 시간 동안 퇴적되었다는 사실에서 유추해 볼 수 있듯이 이들의 두께는 평균 5m 정도이며, 두꺼운 곳은 10m에 이른다.

해안의 굴곡에 있는 조개껍데기들은 점차적으로 굳어가고 있다. 빗물은 조개껍데기로부터 천천히 탄산칼슘을 용해시키는데, 시간이 지나 빗물이 서서히 증발되면 조개껍데기들은 함께 굳어지기 시작하여 결국에는 시멘트처럼 단단해진다.

신생대 4기 홀로세(현세)의 약 4천 년 전부터 퇴적되어 온 조개껍데기가 10m 높이로 쌓여 있는 모습이 마치 하얗게 쌓인 눈처럼 아름답다. 옆으로 해안선을 따라 110㎞나 되는

긴 도로가 있는데 이 길을 따라 해변이 형성되었다.

셸 비치의 조개껍데기가 퇴적된 밀도를 보고 과거의 기후를 알 수도 있다. 기후 변화를 측정하기 위해서는 조개껍데기층 맨 위부터 맨 아래까지 표본을 통과시킨다. 이렇게 하면 여러 기후에 대응하는 여러 시기의 층이 나타나게 된다. 조개껍데기가 쌓인 밀도의 차이가 당시 강수량 등의 기후를 증명하는 셈이 되는 것이다.

샤크 베이 지역에서는 조개껍데기 벽돌로 건축된 음식점이 많이 있다. 하멜린 풀에는 많은 종류의 조개껍데기들이 오랜 동안 고체 덩어리로 굳어졌고 이 단단해진 벽돌로 샤크 베이의 많은 건물들이 지어졌기 때문이다. 하멜린 풀의 채석장 지역에서는 불라구르다 길을 따라서 벽돌이 채취되는 장면을 간혹 볼 수 있다.

데넘을 방문할 때에는 펄러 식당 *Pearler Restaurant*과 세인트 앤드류 교회를 찾으면 이러한 조개껍데기 벽돌로 만들어진 건물을 볼 수 있으므로 시간을 내어 찾아보는 것도 좋다. 지금은 자연 유산으로 지정되어 있기 때문에 조개껍데기를 가져오는 것은 금지되었다. 그러나 자연 유산으로 지정되기 전에는 벽돌 한 장이 8달러에 불과했다고 한다.

Pearler Restaurant

Old Groper Restaurant

캐러밴 파크인 Denham Seaside Tourist
Village 벽면의 셸 비치 벽돌

Tip

- 셸 비치에서 약 44㎞ 떨어진 작은 도시인 데넘 *Denham*에서 숙식을 해결하는 것이 좋다.
- 펄러 식당 *Pearler Restaurant*이 음식의 질과 분위기가 좋아 식사하기에 가장 적합하지만 비수기에는 영업하지 않을 때가 있다.

- 데넘의 샤크 베이 호텔에 위치한 올드 그로퍼 *Old Groper* 식당은 벽기둥이 셸 비치 벽돌로 만들어져 인상적이다. 단, 음식의 맛은 책임지기 어렵다.
- Denham Seaside Tourist Village는 해안가에 접하고 있으며 주변 담장이 셸 비치 벽돌로 되어 있다. 일반적으로 캐러밴 파크에 오후 6시까지 도착하여야 하지만, 이곳은 전화해 두면 늦게 도착해도 열쇠 꾸러미를 전달받을 수 있다.

멍키 미아 Monkey Mia

　멍키 미아는 야생 돌고래들이 사람들을 만나기 위해 찾아오는 독특한 명소다. 1960년 대부터 돌고래들이 먹이(물고기)를 얻어먹기 위해 찾아오면서 세계적인 관광 명소로 유명해졌다. 이곳 멍키 미아에서 돌고래들에게 먹이를 주는 체험은 호주에서 가장 신나고 짜릿한 여행 프로그램 가운데 하나이기도 하다.

　멍키 미아는 영국의 탐험선의 이름 'Monkey'와 호주 원주민 용어로 '집'을 뜻하는 'Mia'가 합쳐져 만들어진 지명이다. 에메랄드빛의 환상적인 바다 풍경과 함께 돌고래와 듀공 등을 아주 가까이서 볼 수 있으니 세계적으로 유명한 관광지답다. 크리스털 바다와 흰 모래 해변 그리고 주변의 경치가 무척 아름다워서 근처의 셸 비치와 함께 세계 자연 유산으로 선정되었다.

멍키 미아의 볼거리

멍키 미아는 야생 돌고래들이 자주 해변을 찾아와 인간과 교감을 나누는 세계적으로도 매우 보기 드문 장소 가운데 하나이다. 교감을 나누는 일이 언제 시작되었는지 확실히 아는 사람은 아무도 없지만, 전해오는 이야기는 이렇다. 1964년 그 지역에 사는 한 여자가 멍키 미아에서 고기를 잡다가 첨벙첨

벙 물을 튀기며 혼자서 배 주위를 맴돌고 있는 돌고래 한 마리를 보고 물고기를 하나 던져주었다. 찰리라고 불리게 된 그 돌고래는 다음 날 밤에도 또 와서 그 여자의 손에서 직접 물고기를 받아먹었고 오래지 않아 찰리가 친구들을 데리고 오면서 그때 이래로 돌고래들이 50년 간 매일 아침 해변에 나타난다고 한다. 이러한 습성을 이용하여 여러 나라에서 온 100여 명의 생물학자들이 이 돌고래들을 연구하기도 했다.

돌고래들은 아침 8시를 전후하여 찾아오는데 7시 45분에 안내 방송을 시작하고 안내에 따라 바닷가에 나갈 수 있다. 종아리 정도 깊이의 물가에서 모여드는 돌고래를 만나는 동

안 안내자가 돌고래에 관한 설명을 한다. 8시 15분이 되면 먹이를 주는데 다섯 명 정도의 스태프가 양동이를 가지고 가면 돌고래가 그 주변으로 한두 마리씩 모여든다. 이때에는 물가 끝으로 퇴장해야 하고 스태프에게 선택받은 일부 관광객만이 직접 먹이를 줄 수 있다. 눈에 띄는 옷을 입은 사람이나 어린이가 잘 선택받는 듯하다.

 Tip

- 비지터 센터로 들어오면 바로 우측에 예약 사무소가 있다.
- 성인 1인당 $8.5의 입장료가 있다.(5인 승차 차 한 대당 $42.5)
- 아침 7시 45분 안내 방송 전에는 보드워크 *Boardwalk*에서 기다려야 한다.

○ Dolphin Information Centre (☎ 08 9948 1366, 07:30~16:00) : 해변 근처에 있다. 돌고래에 관한 다양한 정보를 얻고 45분짜리 비디오를 감상할 수 있으며, 가끔 저녁때 야생 생물을 연구하는 사람의 강연을 들을 수도 있다.

○ 합리적인 가격의 다양한 숙소가 있지만 식당은 별로이므로, 음식을 가져오는 편이 낫다.

○ 페론 카페에서 버거와 샌드위치를 팔고($6~11) 식료품 가게도 있다.

○ 쇼트 오버 *Short Over* 투어(☎ 1800 241 481, 08 9948 1481) 듀공, 돌고래, 거북이를 비롯해 여름에는 호랑이, 상어, 물뱀을 볼 수 있는 짧은 일정의 야생 탐험 크루즈($35~55)를 운영한다. 물속에서 수중 마이크를 이용해 돌고래 소리를 들을 수도 있다. (http://www.monkeymiawildsights.com.au)

○ 아리스토캣 *Aristocat* Ⅱ(☎ 08 9948 1446, http://www.monkey-mia.net)에서 수중창이 있는 뗏목을 탈 수 있다. 일몰을 즐길 수 있는 크루즈는 $45이다.

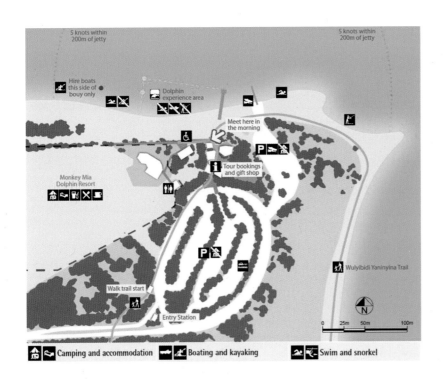

스트로마톨라이트 화석지

주차장에 세워 둔 캠퍼 밴

데넘에서 셸 비치 쪽으로 35.4㎞, 셸 비치 보전 공원에서 데넘 방향으로 약 7㎞ 떨어진 지점에 조그마한 주차 장소가 있다. 이곳에서 해안을 바라보면 작은 구릉이 보이고 그 아래 넓게 펼쳐진 에메랄드빛 아름다운 바다가 보인다.

이 작은 구릉이 화석지이며, 구릉의 해안 쪽 노두를 보면 현생이 아닌 오래 전에 생성된 스트로마톨라이트 화석지를 볼 수 있다.

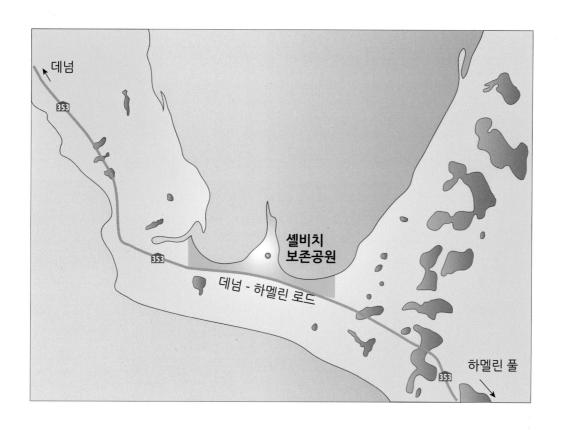

화석 산지 모습

스트로마톨라이트의 특징인 엽층리 구조가 잘 나타나며 석회질이기에 염산 반응이 나타난다. 스트로마톨라이트의 엽층리의 모양은 구형*Spheroidal Structure, SS*으로, 구형은 물의 요동이 많은 조하대에서 생성되므로 이 스트로마톨라이트는 과거 물에 항상 잠기던 조하대 지역에서 형성된 것임을 알 수 있다.

샤크 베이의 지질

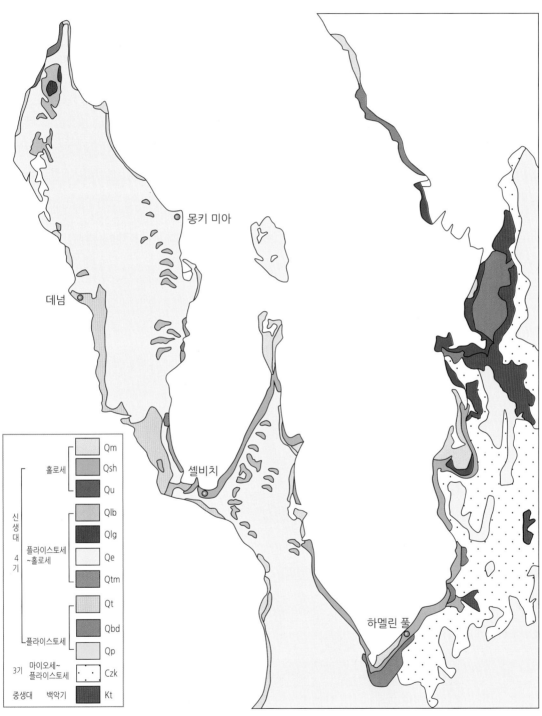

몽키 미아

데넘

셸비치

하멜린 풀

신생대 4기	홀로세		Qm
			Qsh
			Qu
	플라이스토세 ~홀로세		Qlb
			Qlg
			Qe
			Qtm
	플라이스토세		Qt
			Qbd
			Qp
3기	마이오세~ 플라이스토세		Czk
중생대	백악기		Kt

지질도 범례

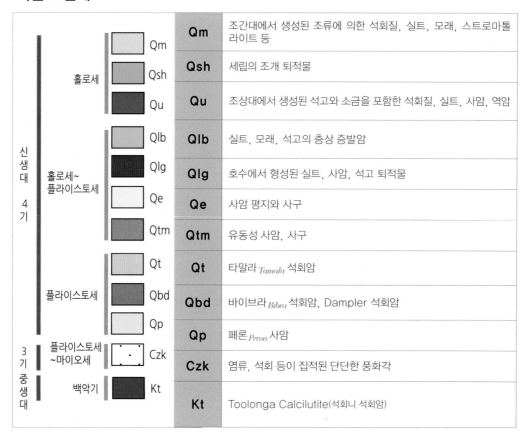

홀로세	Qm	**Qm**	조간대에서 생성된 조류에 의한 석회질, 실트, 모래, 스트로마톨라이트 등
	Qsh	**Qsh**	세립의 조개 퇴적물
	Qu	**Qu**	조상대에서 생성된 석고와 소금을 포함한 석회질, 실트, 사암, 역암
홀로세~ 플라이스토세	Qlb	**Qlb**	실트, 모래, 석고의 층상 증발암
	Qlg	**Qlg**	호수에서 형성된 실트, 사암, 석고 퇴적물
	Qe	**Qe**	사암 평지와 사구
	Qtm	**Qtm**	유동성 사암, 사구
플라이스토세	Qt	**Qt**	타말라 *Tamala* 석회암
	Qbd	**Qbd**	바이브라 *Bibra* 석회암, Dampler 석회암
	Qp	**Qp**	페론 *Peron* 사암
플라이스토세 ~마이오세	Czk	**Czk**	염류, 석회 등이 집적된 단단한 풍화각
백악기	Kt	**Kt**	Toolonga Calcilutite(석회니 석회암)

신생대 4기 / 3기 중생대

이 지역은 대부분 생성 시기가 얼마 되지 않은 신생대 4기의 지역이다. 플라이스토세[1]에 퇴적된 사암 평지와 사구로 이루어져 있다. 이곳의 셸 비치는 홀로세[2] 초기에 세립의 조개 퇴적물이 쌓여 하얀 유기 기원의 비치를 이룬 것이다. 셸 비치가 생성된 시기는 홀로세의 초기에는 대륙 빙상이 녹아서 해수면이 130m 이상 급격히 상승했다. 홀로세의 기후는 최온난기로 불리는 시대로 현재보다 3m에서 5m 정도 해수면이 높았다고 추측된다.

1) 플라이스토세 : 258만 년 전 ~ 1만 년 전까지로 홍적세라고도 한다.
2) 홀로세 : 1만 년 전 ~ 현재까지로 현세라고도 한다.

스트로마톨라이트의 생성

남세균(시아노박테리아)이 만든 퇴적 구조를 말한다. 어원은 그리스어로 strōma *mattress, bed, stratum*와 lithos *rocks*의 합성어로 '층상 바위'라는 뜻을 가지고 있다. 1908년 칼코프스키 *E. Kalkowsky*는 'stromatolith'라는 용어를 처음 사용하였으며, 후에 스트로마톨라이트 *stromatolite*라고 명명하게 되었다. 성장 과정은 아래 그림과 같다.

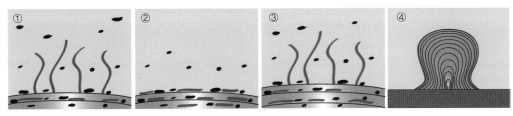

1. 햇빛이 비치면 해저의 남세균은 광합성을 시작하여 산소를 만들어 대기 중으로 보낸다.
2. 해가 지면 광합성을 멈추고 점착성이 있는 남세균은 석회암, 모래 등 퇴적물을 붙잡는다.
3. 다시 햇빛이 비치면 남세균은 같은 작용으로 광합성을 하며 성장한다.
4. 수천 년의 시간이 지나면 엽층리 구조를 가진 스트로마톨라이트(바위 침대)가 된다.

스트로마톨라이트의 성장 과정

스트로마톨라이트의 성장 속도는 100여 년에 걸쳐서 수 센티미터, 즉 연간 1㎜ 이하로 성장하는 것으로 추측하고 있으며, 선캄브리아대 초기에서 현세까지(약 35억 년간) 산출되며 화석 기록으로 보아 번성 시기는 4억 7천만에서 16억 5천만 년 전으로 추측하고 있다. 남세균은 광합성을 하면서 이산화탄소를 흡수하여 탄산칼슘을 만들고 산소를 배출한다. 선캄브리아대 초기의 바다에 산소를 공급한 것은 남조류로 보고 있다. 스트로마톨라이트가 잘 만들어지는 곳은 조간대이며, 조상대와 조하대에서도 산출된다. 스트로마톨라이트의 형태적 차이는 주로 수심, 조석과 파도 에너지, 노출 빈도와 퇴적률과 같은 환경적 요인에 따라 결정되는 것으로 본다.

95

스트로마톨라이트 형성 특징 및 발생

많은 스트로마톨라이트 화석은 퇴적암으로 형성되는 과정 중 그들을 형성했던 미세 조류 화석을 함유하고 있지 않고 스트로마톨라이트의 특징인 엽층리 구조만을 나타내나, 몇몇 화석에서는 미세 조류를 포함한 다양한 화석이 관찰된다.

스트로마톨라이트를 형성하는 생명체에는 남조류 *Cyanobacteria or Blue-Green algae*, 녹조류 *Green algae*, 균류 *Fungi* 및 규조류 *Diatoms* 등이 알려져 있으나 대부분의 스트로마톨라이트 화석은 남세균에 의해 형성되며, 이들 남세균은 크게 구상 형태와 실 모양의 사상체 형태로 구분된다.

미세 조류 화석은 엽리 구조와 특정한 방향성을 띠어 그들이 스트로마톨라이트 형성에 어떠한 역할을 했는지를 보여 준다. 미세 조류 화석은 이 스트로마톨라이트의 엽리 구조를 나타내는 주요 구성 화석이다. 엽층리가 불량한 곳에서는 석회질 조류 화석의 파편들이 쇄설성 퇴적물과 함께 나타나기도 한다.

스트로마톨라이트의 발생 방식 *Mode of Occurrence*

괴상 *Bioherm*

SUBSPHERICAL   DOMED   TABULAR   TONGUING

층상 *Biostrom*

TABULAR   DOMED

가지형과 통합형 *Branching and Coalescing*

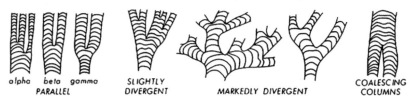

기둥형과 엽연 구조 *Column and Margin Structure*

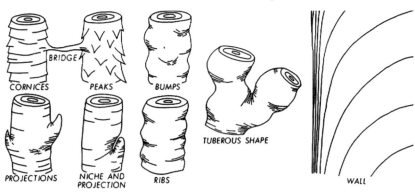

엽층형 *Lamina Shape*

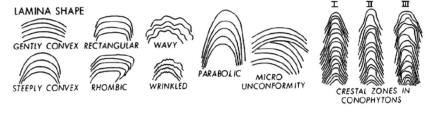

비주상형 *Non Columnar*

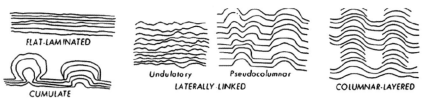

섬유상의 남세균은 점액질로서 파도나 조석에 의해 운반되는 석회니[3]를 결속시켜 유기물과 석회 성분의 진흙(석회니)으로 구성된 엽리를 형성한다. 이러한 유기물과 석회니가 교차되어 퇴적되면서 두께 1㎝ 이하의 엽층리가 발달하여 스트로마톨라이트를 형성한다.

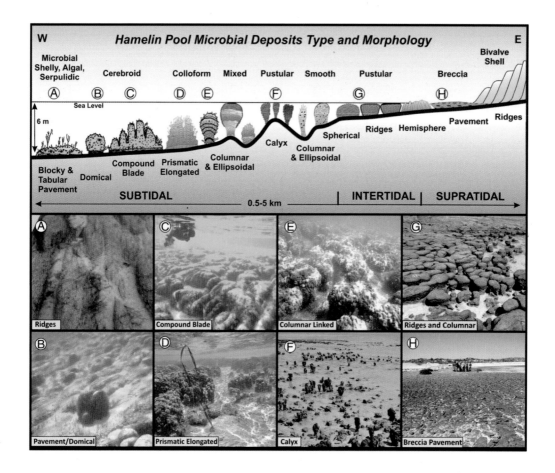

천해에서의 미생물의 종류와 형태는 조하대 *Subtidal*, 조간대 *Intertidal*, 조상대 *Supratidal*에 따라 독특한 형태를 갖는다.

---

3) 실트 또는 니질 크기의 쇄설성 방해석 입자(50% 이상)가 우세한 석회암

스트로마톨라이트는 그 형태에 따라 횡적 연결 반구형 *Laterally Linked Hemispheroid, LLH*, 위로 쌓아진 반구형 *Stacked Hemispheroid, SH* 그리고 구형 *Spheroidal Structure, SS*으로 구분되는데 LLH는 조상대와 조간대, SH는 물의 순환이 좋지 않거나 증발이 많은 조간대 그리고 SS는 물의 요동이 많은 조하대에서 생성된다.

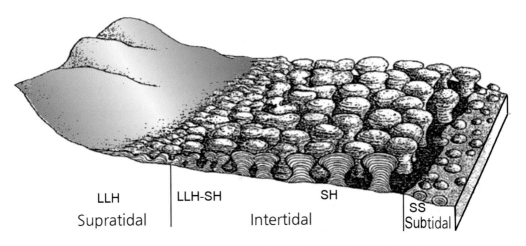

스트로마톨라이트의 형태와 각각의 환경: 반구상*LLH*, 다량의 연속된 반구상*SH*, 구형 구조 *SS*

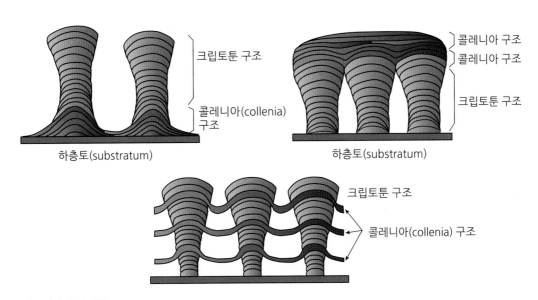

위로 쌓아진 반구형 *Stacked Hemispheroid:SH*

우리나라에서는 선캄브리아대의 지층을 비롯하여 고생대와 중생대 지층에서 다양한 형태의 육성 및 해성 스트로마톨라이트가 산출된다. 이 스트로마톨라이트는 넓은 지역에 걸쳐 분포하고 있으며, 형태학적, 광물학적 및 미화석 보존 상태에 있어서도 매우 양호하여 전 세계적인 관심사인 스트로마톨라이트의 성인에 대한 문제점을 해결하는 데 크게 기여할 것으로 여겨진다.

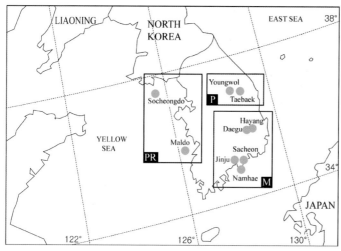

우리나라에서 발견되는 스트로마톨라이트 지역
PR: 선캄브리아대, P: 고생대, M: 중생대

선캄브리아대

선캄브리아대에 형성된 스트로마톨라이트는 소청도에서 대대적으로 산출된다. 소청도에는 두 가지 형태 *Columnar*와 *Stratiflform*의 스트로마톨라이트가 산출되나 기둥형 스트로마톨라이트가 대부분이다. 기둥형 스트로마톨라이트는 가지 형태로 분기되지 않는 매우 단순한 형태 *Non-Branching*를 보인다. 스트로마톨라이트의 내부 구조는 변성을 많이 받았으나 전형적인 미세 엽층리 *Fine Lamination* 구조를 갖고 있다. 유기 엽층리 *Organic Layer* 부분에서는 소청도 스트로마톨라이트의 형성에 관여

소청도 어럭금 지역에서 발견되는 스트로마톨라이트

했던 것으로 여겨지는 몇몇 박테리아 *Myxococcoides, Eoentophysalis, Eoclipsoides, Sparsely Filamentous bacteria*들이 관찰된다.

소청도의 스트로마톨라이트는 일정한 방향으로 어느 정도의 기울기를 가지고 있다. 이는 스트로마톨라이트의 성장 단계 혹은 성장 후 2차적인 구조적 변형에 의해서 형성된 것으로 판단된다.

소청도 어럭금 지역에서 발견되는 스트로마톨라이트

또한 연장성이 매우 좋고 넓은 지역에 걸쳐 분포한 것으로 보아, 당시의 환경은 천해 환경에서 단일한 형태*Monospecific*의 스트로마톨라이트들이 초*Reef*를 이루며 살았던 것으로 해석된다.

고생대

우리나라의 고생대 스트로마톨라이트는 조선누층군(태백, 영월 등)에서 산출되며 선캄브리아대와 중생대 스트로마톨라이트에 비해 다양성이나 연장성, 그리고 형태의 보존성 등이 매우 좋지 않다. 하지만 환경이 지시하는 의미는 선캄브리아대와 중생대 스트로마톨라이트에 못지않게 크다. 고생대에는 두 가지 형태*Stratiform*과 *Small Dome*의 스트로마톨라이트가 산출되나 편평한 형태를 갖는 스트로마톨라이트가 주를 이룬다. 이들은 연장성이 좋지 못하고 작은 규모로 산출되는 특징을 보인다. 따라서 고생대 전기(캄브리아기와 오르도비스기)로 들어오면서 스트로마톨라이트는 더 이상 우리나라의 주요 퇴적상이 아니었던 것으로 여겨진다.

강원도 태백시 구문소 지역에서 발견된 스트로마톨라이트

중생대

우리나라 중생대 스트로마톨라이트는 신동층군의 진주층과 하양층군의 반야월층에서 대단히 많이 산출되고 있다. 중생대 스트로마톨라이트는 다른 시대(선캄브리아대와 고생대)의 스트로마톨라이트와 달리 육성 환경에서 형성되었다. 따라서 지질학적 의미는 다소 작지만 형태, 내부 구조 및 함유 미화석 등 보존적 측면에 있어서는 다른 시대의 스트로마톨라이트보다 우수하다.

경산 대구가톨릭대학교 스트로마톨라이트(천연 기념물 제512호)

중생대 스트로마톨라이트는 크게 여섯 가지 형태*Large Domal, Mini-Columnar, Mini-Domal, Stratiform, Stromatolitic Crusts and Stromatolitic Algal Encrustation* 로 분류된다.

가장 흥미로운 것은 전 세계적으로 드물게 보고되는 소위 '막대기형 스트로마톨라이트*Rod-Shaped stromatolite*' 이다. 막대기형 스트로마톨라이트는 나무줄기 표면에 서식하던 착생 미세 조류*Epiphytic Algal* 또는 *Bacterial Photosynthesis*에 의해 나무줄기의 표면에 동심원 구조의

중생대 스트로마톨라이트의 절단면 확대 사진. 하부의 LLH-S형에서 상부로 갈수록 SH-V형으로 바뀌는 모습

탄산염 광물이 침전되어 형성된 구조이다*Lee and Kong, 2004*. 이들의 내부 구조는 스트로마톨라이트와 동일한 구조를 보이며 형성 메커니즘 또한 동일하다.

스트로마톨라이트는 엽층리 구조를 보이며 상향으로 성장하는 유기 퇴적 구조*Organo-Sedimentary Structures*를 갖는데, 막대기형 스트로마톨라이트는 동심원 구조의 엽층리를 갖고 있다. 이런 막대기형 스트로마톨라이트는 현생에서 많이 형성되며 특히 물이 흐르는 곳이나 탄산칼슘 포화도가 높은 곳에서 대단히 많이 형성되고 있다(예 : 프랑스 디종). 이러한 막대기형 스트로마톨라이트는 식물의 나뭇가지 표면에 스트로마톨라이트 구조를 갖는 일종의 피복이 발생한 것이다.

사천시 가산리에서 발견되는 막대형 스트로마톨라이트

수면에 잠긴 조하대 환경, 물이 들어왔다 나갔다 하는 조간대 환경, 물에 항상 노출되어 있는 조상대 환경에 따라 서로 다른 모양을 보여 주는 스트로마톨라이트

Coral Bay, Western Australia

◉ 코랄베이(Coral Bay)
◉ 퍼스

코랄 베이 *Coral Bay*

　코랄 베이는 닝갈루 해상공원 남쪽에 위치한 작고 평온한 휴양지로 아름다운 해변이 있는 만의 가장자리에 있다. 마을 해변에서 얼마 떨어지지 않은 바다에 산호초가 펼쳐져 있어 스노클링과 수영, 일광욕을 하기에는 더없이 좋은 곳이다.

코랄 베이는 주변에서 가장 가까운 도시인 엑스마우스 *Exmouth* 까지도 130㎞가량 떨어져 있고, 조금 더 큰 도시인 남쪽의 카나번 *Carnarvon* 에서도 200㎞가량 떨어졌다. 그야말로 주변에 아무것도 없는 작은 도시이지만, 서호주에서도 손에 꼽힌다는 아름다운 해변이 있는 관광지로 유네스코 세계 유산에 등재될 만큼 자연 경관이 뛰어나다.

코랄 베이 근처에는 닝갈루 리프 *Ningaloo Reef* 가 있다. 닝갈루 리프는 호주 서해안에 있는 길이가 260㎞에 이르는 세계 최대의 거초(섬이나 대륙 주변에 에워싸듯 발달한 산호초)로, 서호주의 중앙 북부 해안까지 뻗어 있다. 500종이 넘는 열대어와 220종의 산호가 서식하는 청정 해역이며 가장 가까운 지점이 해안 100m 이내로 산호초까지 걸어갈 수 있어 전 세계적으로 보기 드문 환경이다. 남서쪽의 애머스트 포인트에서 북동쪽의 번데기 리프 *Bundegi Reef* 까지 닝갈루 해상공원 구역으로 보호되고 있다.

　1, 2월에는 희귀종 바다거북이 부화하는 모습을 볼 수 있고, 3, 4월에 보트 투어에 참여하면 산호 산란 시즌의 장관을 구경할 수 있다. 4월부터 6월까지는 고래상어와 함께 수영을 즐길 수 있으며 6월부터 11월에는 혹등고래를 구경할 수 있다. 엑스마우스나 코랄 베이에서는 해변에서 조금만 벗어나면 말미잘 촉수, 사자물고기, 포식성 곰치 등 수백만 마리의 열대 어종 사이로 광대물고기가 헤엄치는 광경을 볼 수 있다.

코랄베이 가는 길

카나본 *Carnarvon* ▶ Alexandra St에서 Robinson St 방면 남동쪽(71m) ▶ 좌회전하여 Robinson St 진입 ▶ 로터리 통과(5.2km) ▶ National Route1 직진(142km) ▶ 좌회전하여 Minilya-Exmouth Rd 진입(Exmouth 표지, 78.1km) ▶ 코랄 베이 *Coral Bay* 도착(총 238km, 3시간 10분 소요)

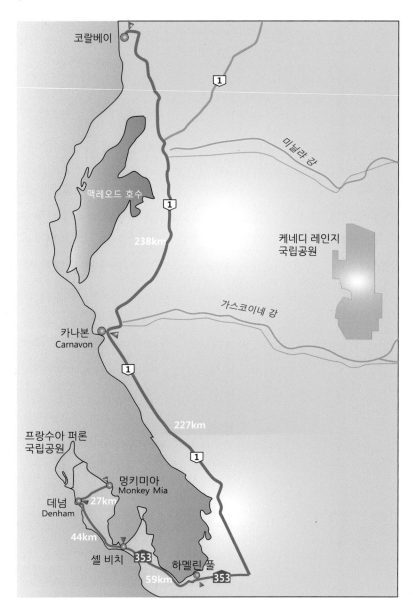

코랄 베이 스노클링 *Coral Bay Snorkeling*

스노클링은 수중에서 산소를 배출할 수 있는 도구와 오리발과 같은 간단한 장비만을 사용하여 수영하는 것을 말한다. 그래서 바닷속을 관찰할 때 보통의 호흡과 비슷한 스타일로 숨을 내쉬며 편하게 수영할 수 있다. 차가운 물에서는 방수복을 착용하는 것이 바람직하며, 스노클링에는 일반적인 스포츠용 고글이나 수경이 아니라 전용 마스크 등이 필요하다. 원래는 군사 수중 구조 등의 활동을 할 때 빨리 행동할 수 있도록 개발된 장비이지만, 최근에는 레저 다이빙 용도로 활발하게 이용되고 있다. 주로 열대의 리조트나 스쿠버다이빙을 즐길 수 있는 곳 중에서 깊지 않은 곳이면 모두 가능하다.

보존 지역인 코랄 베이에서 스노클링을 하면 산호 정원과 석호를 관찰할 수 있고 쥐가오리와 바다거북을 비롯해 500여 종의 산호 어류를 볼 수 있다. 다이빙 센터에서 다이빙 탐험에 합류할 수 있으며, 바닥이 유리로 되어 있는 보트를 이용하면 더욱 편안하게 해양 생물을 관찰할 수 있다.

코랄 베이에는 해변 낚시와 심해 낚시 및 게임 낚시를 위한 다양한 전세 어선이 매일 운항되며 어린이들은 열대어와 산호 정원 사이로 안전하게 수영을 즐길 수 있다.

코랄 베이에는 비지터 센터가 없고 대신 여러 개의 예약 사무소에서 정보를 얻을 수 있다. 스노클링 장비 대여는 하루 $13~15 정도, 바닥이 유리로 된 카누는 시간당 $17~25 정도로 즐길 수 있다.

배를 타고 나가는 투어에 참여하면 바다 한가운데에서 스노클링과 붐 넷팅*Boom Netting*을 즐길 수 있으며 약 4시간이 소요된다. 점심이 포함되며 가격은 1인당 $110 정도이다.

투어 업체는 코랄 베이 진입부 쇼핑센터에 있으며 투어에 대한 정보는 다음과 같다.

· Glass Bottom Boats(☎9942 5885) : 젖지 않고 파도 아래쪽을 볼 수 있다. 1시간당 $25
· Sub-Sea Explorer(☎9942 5955) : 산호초를 볼 수 있는 크루즈와 스노클링 크루즈가 있다. 4시간에 $95
· Coral Bay Adventures(☎9942 5955) : 닝갈루 리프의 장관이 내려다보이는 비행기를 탈

수 있다. 30분에 $50부터

- ATV Eco Tour(☎9942 5873)와 Kim's Quad Treks(☎9948 5190) : 스노클링($70)과 일몰 투어($60)를 비롯해서 사륜구동 오토바이를 스스로 운전해서 베이를 돌아볼 수 있는 투어가 있다.
- Coastal Adventure Tours(☎+61 08 99 485 190, www.coralbaytours.com.au e-mail:coralbreeze@bigpond.com) : Coral Breeze라는 배를 타는 투어. 스노클링 2회, boom netting 1회, 점심 포함. 4시간 소요 $110.

알아두면 좋은 내용

○ 수심이 얕지만 바위와 산호가 많아서 아쿠아 슈즈는 꼭 필요하다.
○ 장비 대여 시기가 늦으면 장비가 품절될 수도 있다.
○ 다이빙은 자격증이 있어야 한다.
○ 수중 촬영을 위한 일회용 카메라는 $20이며, 27장 찍을 수 있다.
○ 작은 쇼핑센터 두 곳에는 신용 카드로 계산할 수 있는 슈퍼마켓이 있고 Fins Cafe(☎ 9942 5900)와 Club Ningaloo(☎ 9948 5100)에서 인터넷을 사용할 수 있다.
○ 쇼핑센터 안의 빵집이나 슈퍼마켓은 식재료가 비싸므로 음식을 직접 해 먹는다면 카나 본이나 엑스마우스에서 식재료를 사는 편이 낫다.

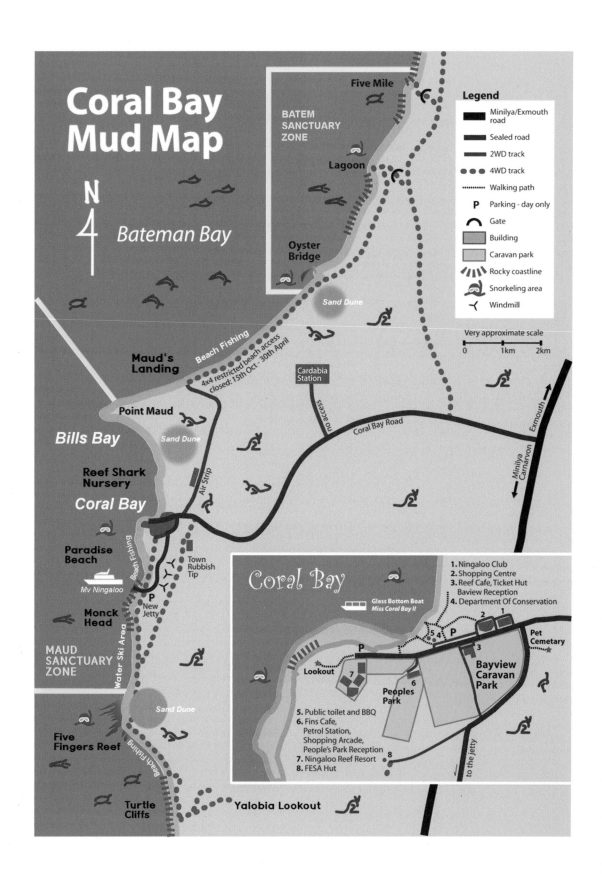

Coral Bay Mud Map

N

Bateman Bay

Five Mile

BATEM SANCTUARY ZONE

Lagoon

Oyster Bridge

Sand Dune

Legend

- **Minilya/Exmouth road**
- **Sealed road**
- **2WD track**
- ● ● ● **4WD track**
- **Walking path**
- **P** Parking - day only
- **Gate**
- **Building**
- **Caravan park**
- **Rocky coastline**
- **Snorkeling area**
- **Windmill**

Very approximate scale

0   1km   2km

Maud's Landing

Beach Fishing

4x4 restricted beach access closed: 15th Oct - 30th April

Cardabia Station

Coral Bay Road

no access

Minilya Carnarvon

Exmouth

Point Maud

Bills Bay

Sand Dune

Reef Shark Nursery

Coral Bay

Air Strip

Paradise Beach

Beach Fishing

Mv Ningaloo

Town Rubbish Tip

Monck Head

P New Jetty

Water Ski Area

MAUD SANCTUARY ZONE

Sand Dune

Five Fingers Reef

Beach Fishing

Turtle Cliffs

Yalobia Lookout

Coral Bay

Glass Bottom Boat
Miss Coral Bay II

1. Ningaloo Club
2. Shopping Centre
3. Reef Cafe, Ticket Hut Baview Reception
4. Department Of Conservation

2 1
5 4 **P**
3

Pet Cemetary

P

Lookout

7

Peoples Park

6

Bayview Caravan Park

5. Public toilet and BBQ
6. Fins Cafe, Petrol Station, Shopping Arcade, People's Park Reception
7. Ningaloo Reef Resort
8. FESA Hut

8

to the jetty

Nikon D800E, 8mm어안렌즈, ISO 4000, F 3.5, 45s

카리지니
국립공원

Karijini National Park

카리지니(Karijini)

퍼스

카리지니 *Karijini*

    카리지니 국립공원은 서부 호주에서 두 번째로 큰 국립공원으로, 면적이 6,274㎢, 즉 서울 면적(605㎢)의 열 배가 넘는다. 규모뿐 아니라 카리지니가 있는 서호주 북부 필바라 *Pilbara* 지역은 세계에서 손꼽히는 지질학적 보고이다. 국립공원에 있는 아홉 개의 협곡들 덕분이다.

    지상에서 100m 아래로 깊고 날카로운 골짜기가 파여 있는데 이것이 40억 년의 나이테를 가진 고지 *Gorge* 라고 하는 지형이다. 이 고지의 위태위태하고 가파른 협곡 아래 세상으로 내려가는 것이 카리지니 국립공원을 제대로 둘러보는 유일한 방법이다.

    지옥으로 향하는 문이 연상되는 아름답고 신비로운 풍경을 갖고 있지만 육체적으로 매우 힘든 이 지형은 35억에서 45억 년 전으로 거슬러 올라간다. 해저 바닥에 수십억 년 동안 해저 화산이 터지고 흙이 쌓이는 과정이 거듭되었고, 세월이 흐르며 물이 빠져나가 해저 바닥이 지상으로 드러난 상태에서 다시 오랜 세월 풍화, 침식, 단층 작용을 거쳐 지금의 모습을 갖추게 되었다. 원시 지구의 모습이 카리지니 고지 아래에 남아 있는 것이다. 이곳 카리지니는 호주 원주민 애버리지니의 성지이기도 하다. 애버리지니 언어로 카리지니는 '만남의 장소'라는 뜻이니, 애버리지니가 이 신성한 공간에 모여 의식을 치렀음을 이름에서 알 수 있다.

카리지니 가는 길

📍 코랄 베이 ▶ 모즈 랜딩 도로(12㎞ 이동) ▶ 마닐랴–엑스마우스 도로(52㎞ 이동) ▶ 우회전 버켓
도로(79㎞ 이동) ▶ 좌회전 노스 웨스트 하이웨이 좌회전(1번 도로, 116㎞ 이동) ▶ 우회전 나누타
라 위트눔 도로(1번 도로, 111㎞ 이동) ▶ 나누타라 RH(총 254㎞, 4시간 소요)

📍 나누타라 RH ▶ 나누타라 위트눔 도로(275㎞ 이동) ▶ 우회전하여 파라버두 도로(82㎞ 이동) ▶
톰 프라이스(81㎞) ▶ 카리지니(총 437㎞, 8시간 소요)

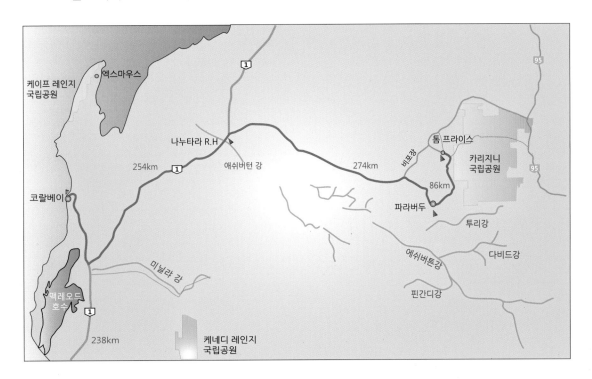

　　코랄 베이에서 떠나 나누타라 로드하우스*Nanutarra Roadhouse*에 도착해 1박을 하고 다시 톰 프
라이스*Tom Price*에 도착하기 까지는 나누타라 위트눔 도로*Nanutarra Wittenoom Rd*를 따라 293㎞의 거
리로 5시간이 약간 넘게 걸린다. 에코 리트리트*Eco Retreat*까지 가려면 7시간이 훨씬 넘게 걸리
기 때문에 톰 프라이스를 들러 잠시라도 휴식을 취하고 필요한 물품을 구입하는 것이 좋다.
　　다시 톰 프라이스에서 에코 리트리트까지는 카리지니 드라이브를 따라 약 81㎞로 2시간
이 소요되는 거리이다.

얀나리 암석 그룹 *Yannarie rock Group*

카리지니로 가는 길은 고되고 지루한 길의 연속이다. 끝없이 가도 어디나 같은 모습의 광활하고 황량한 평지, 뜨거운 지표 복사열로 지루함이 고조된다. 이때 정신이 번쩍 나는 특이한 지형을 발견할 수 있다.

코랄 베이를 떠나 카리지니 방향으로 183㎞ 정도 가면 얀나리 강 *Yannarie river* 이라는 작은 강이 나온다. 이 강에서 15㎞ 정도를 더 가면 도로의 좌측에 거대한 구상 풍화 군집 지역을 발견할 수 있다. 평야 지역에서 구릉 지역이 나오는 것도 신기한데 암석 모두가 둥글게 만들어 놓은 듯 모여 있는 것도 신기하다. 자세히 암석 입자를 관찰해 보면 모두 변성도가

높은 안구상 편마암이다. 지하 깊은 곳에서 만들어진 암석이 심한 변성을 받은 후 서서히 융기해 구상 풍화 작용을 받아 둥글게 만들어진 곳이다.(구상 풍화는 하이든에서 자세히 알아보자.)

찾기는 어렵지만 지형의 규모가 제법 크고 주변에 다른 마땅한 볼거리가 없어 한번 둘러볼 만하다.

카리지니 국립공원 *Karijini National Park*

카리지니 고지 *Gorge* 탐험

카리지니의 진면목은 고지 *Gorge* 탐험에 있다. 트레킹에 자신이 있다면 과감히 고지 트레킹에 도전해 보자. 40억 년의 세월을 지닌 붉은빛 협곡을 온몸으로 느낄 수 있는 기회이다. 고지 트레킹의 난이도는 클래스 1~6으로 구분되며 클래스 숫자가 커질수록 어려운 구간임을 뜻한다. 보통 클래스 5, 클래스 6의 구간은 자일 등의 암벽 등반을 위한 전문 장비를 갖추고 트레킹 한다. 그러나 최고난도 등급인 클래스 6만 제외하고 클래스 5까지는 장비 없이 개별적인 탐험도 가능하다. 전문 장비를 대여해 주고 안내해 주는 투어 프로그램으로는 하루에 한 고지씩만 걷는 웨스트 오즈 액티브 어드벤처 *West OZ Active Adventure* 와 국립공원의 하이라이트만 둘러보는 레스톡 투어 *Lestok Tours* 등이 있다. 다만 비수기에 방문할 경우 투어 프로그램을 운영하지 않으므로 개별 탐험을 해야 하며, 트레킹 도중 클래스 6 구간에 다다르면 접근 금지 표지가 설치되어 있으므로 표지를 만나기 전까지는 조금 용감하게 트레킹에 도전할 것을 권한다.

카리니지 에코 리트리트. 비가 온 후 개이면서 무지개가 아름답게 떴다.

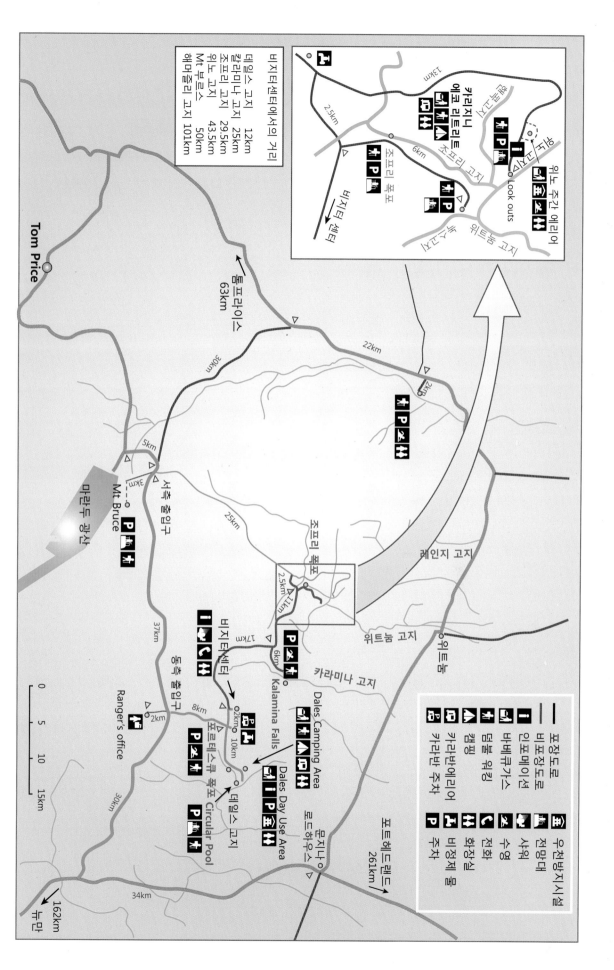

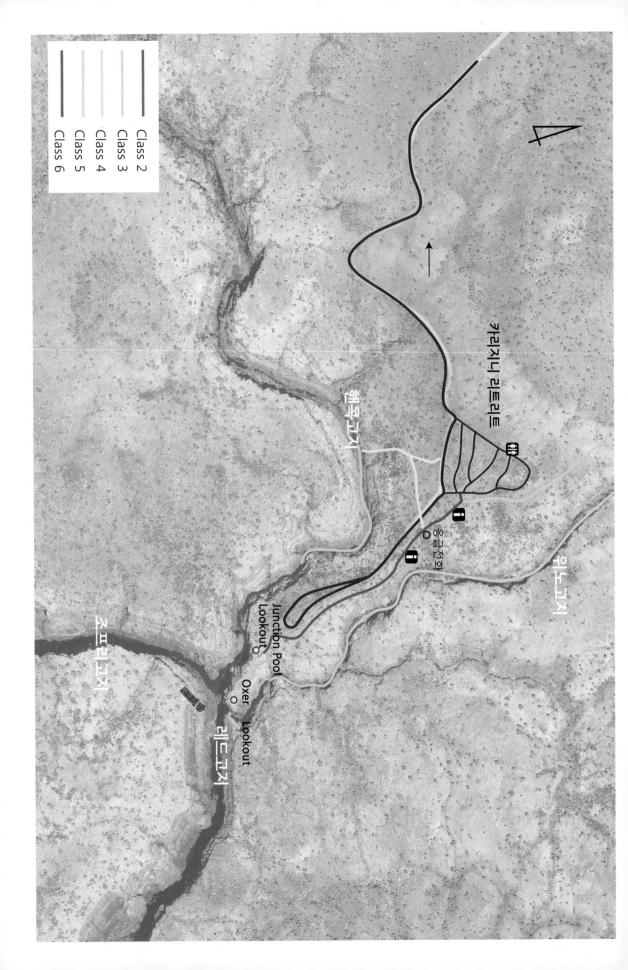

녹스 고지로 내려가는 초입부. 셰일층이 풍화되어 계곡 아래로 쌓여있다. 이러한 지형을 테일러스 *Talus* 라 한다.

녹스 고지 | *Knox Gorge*

◇ 찾아가는 법 : 카리지니 비지터 센터에서 반자마 드라이브 로드를 타고, 옥서 전망대 방향
　　　　　　　으로 약 30㎞
◇ 난이도 : 중급 코스로 비교적 짧은 구간이지만 등산화는 필수
◇ 총 길이 : 2㎞
◇ 소요 시간 : 왕복 3시간

　녹스 고지 *Knox Gorge* 는 평지와 고지가 적당히 반복해서 나타나는 지형을 갖추고 있다. 카리지니 국립공원을 처음 찾는 이들에게는 고지의 급경사에 대한 적응력을 기를 수 있는 가장 좋은 구간으로, 마치 입문 코스와도 같다. 길이는 약 2㎞로, 왕복 3시간 정도면 통과할 수 있다. 비교적 무난한 구간이긴 하지만, 칼날같이 가파른 코스도 종종 나타나기 때문에 반드시 제대로 된 등산화를 착용해야 한다.

　무작정 두 발을 내딛기 전, 녹스 고지 주차장에서 내려 K1 안내 표지판을 확인하자. 안내 표지판의 오른쪽으로 약 5m 정도 떨어진 곳에 있는 좁은 길을 지나서 걷다 보면 리스

크 에어리어 *Risk Area* 표지를 쉽게 발견할 수 있다. 표지 뒤쪽으로는 내려가는 길이 있다. 그러나 얼핏 보기에는 내려가는 길이 눈에 띄지 않기 때문에 표지를 찾으면 뒤쪽 절벽 아래를 꼼꼼히 내려다보며 길을 찾아야 한다. 내려가는 길 주변을 살피면 클래스 4라고 적힌 표지를 바닥에서 찾을 수 있다. 녹스 고지를 내려가는 길은 특히 아름답다. 그러나 호주 원주민 애버리지니가 신성한 곳으로 여기는 장소이므로 큰 소리로 떠드는 것은 삼가야 한다.

초록색 선인장처럼 보이는 따끔거리는 둥근 덩어리 풀들 사이의 붉은색 흙길을 따라 10분가량 내려가다 보면 발아래로 낭떠러지가 아찔하게 펼쳐지고 오른쪽으로 테일러스 슬로프 *Talus Slope*가 나타난다. 본래 '테일러스'란 풍화에 의해 잘게 부서진 암석들이 산비탈에 쌓인 것을 뜻하는 지질학 용어이다. 날이 선 암석이 대부분이므로 이 구간을 무사히 내려가기 위해서는 종종 두 손과 두 발을 모두 이용하게 된다. 더운 날 낮에는 암석이 꽤 뜨겁기 때문에 장갑을 끼고 가는 것도 요령인데, 못 짚을 정도는 아니므로 필수는 아니다.

그렇게 30분 정도 내려오면 시야가 훤히 트이는 넓고 편평한 암석과 계곡이 나타나며 녹스 고지의 바닥에 도달하게 된다. 녹스 고지 바닥에서 보면 왼쪽과 오른쪽 양방향으로 계곡이 이어져 있는데, 이중 왼쪽으로 계곡을 따라 꽤 넓은 가장자리를 걸으며 끝까지 진행하면 된다. 카리지니의 고지 트레일은 방향을 잡기 애매한 경우에는 항상 바닥이나 큰 돌 또는 절벽 면에 클래스가 적혀 있는 표지가 부착되어 있다. 즉, 트레일 방향을 확인하기 위해서 클래스 표지를 찾는 것도 쉽게 트레킹 할 수 있는 요령이다.

녹스 고지 트레킹은 주로 물을 곁에 두고 걷는 여정이다. 두세 차례 계곡을 건너야 하는데 주변의 멋진 풍경에 넋을 놓는 순간 발을 헛디뎌 물에 빠질 수 있으니 주의해야 한다. 두 눈을 사로잡는 기암절벽의 기세도 압도적이지만 바람의 흐름에 따라 결을 바꾸며 주변 풍경을 담아내는 작은 물웅덩이들도 트레킹 내내 깊은 감동을 선사한다. 계곡 물을 따라 20분 정도 걷다 보면 바위와 바위 사이의 간격이 점차 좁아지다가 계곡이 더 이상 이어지지 않는다. 거대한 바위들 틈에 갇혀 보이는 하늘도 좁아지고 바위 천장 아래로는 어마어마하게 넓은 공간이 예각으로 자리하고 있다. 이곳에서 녹스 고지의 최고 난이도 클래스 6의 지형이 펼쳐진다. 전문 장비를 갖추지 않았다면 더 이상의 진입은 어렵다. 몸이 가볍고 운동 신경이 뛰어난 사람이라면 장비 없이도 가능하긴 하지만 위

전망대에서 본 녹스 고지

험하니 조심해야 한다. 끝까지 가서 좁은 절벽 틈 아래로 내려다보는 풍경은 감탄사가 저절로 나오며 눈을 떼기 힘들 정도이다. 녹스 고지 트레일을 다시 되돌아오며 절벽 위로 올라가는 입구를 쉽게 찾으려면 반드시 처음에 내려왔을 때 그 풍경과 위치를 기억하는 것이 좋다. 물론 절벽 면에 클래스 안내 표지가 붙어 있긴 하다. 내려올 때 느낌과는 다르게 고지 바닥에서 올라가는 길을 쳐다보면 도대체 이 길을 어떻게 내려왔을까 의심스러울 만큼 가파르고 험해 보인다. 그래도 보는 것만큼 힘들진 않다. 약간 낮은 산을 등산하는 정도. 충분히 올라갈 만하다.

고지 트레킹을 끝낸 다음에는 전망대를 가 볼 것을 추천한다. 녹스 고지를 위에서 내려다볼 수 있도록 아주 가까운 곳에 전망대가 있다. 안내판에는 300m이고 왕복 30분 걸린다고 적혀 있으나, 실제로는 왕복 100m 정도로 아주 가깝게 느껴지며 전망대에서 사진을 찍고 돌아가도 걸리는 시간이 15분 정도에 불과하다. 전혀 힘들지 않고 거리가 가까우므로 녹스 고지 트레킹을 끝낸 뒤 들러 볼 만하다. 트레킹 후에는 직접 트레킹한 코스를 위에서 내려다보며 눈으로 확인해 보는 것도 묘미이다.

데일즈 고지 *Dales Gorge*

　◇ 찾아가는 법 : 톰 프라이스에서 반지마 드라이브 로드를 지나 카리지니 비지터 센터 방향으로 약 90㎞, 카리지니 비지터 센터에서 약 10㎞

　◇ 난이도 : 하 – 남녀노소 누구나 함께 걸을 수 있는 길

　◇ 총 길이 : 2㎞

　◇ 소요 시간 : 왕복 3시간

　데일즈 고지 *Dales Gorge*는 공원의 동쪽에 위치하고 있으며 데일즈 로드를 통해 접근할 수 있다. 전반적인 난이도로 비교해 보자면, 데일즈 고지는 녹스 고지와 마찬가지로 가벼운 트레킹에 가깝다.

　트레킹은 서큘러 풀과 포르테스큐 폭포 양쪽에서 모두 시작 가능하다. 선택은 자유지만 서큘러 풀보다 포르테스큐 폭포가 주는 감동이 더 크므로 서큘러 풀에서 시작하는 것을 추천한다. 서큘러 풀 주차장에 차를 주차하고 트레킹을 시작하기 위해 들어서면 입구에 화장실이 먼저 나타난다. 물론 옛날 수세식 화장실로 건물이 초라하긴 하다. 그래도 매우 더운 날씨에, 관광객이 단 한 명도 없는 비수기에도 잘 관리되고 있는 것 같으며 심지어 화장

지도 있다.

트레일 코스 안내 표지판으로부터 아주 가깝게 서큘러풀 주변을 둘러싸고 있는 절벽 위에서 서큘러풀을 내려다볼 수 있도록 전망대가 설치되어 있다. 서큘러풀을 둘러싸고 있는 절벽의 암석들은 이글이글 타는 듯한 붉은색이다. 오후 1시에서 3시경 태양 빛이 강할 때 이 암석들은 더 붉은 빛을 발한다.

데일즈 고지 트레킹은 고지를 가운데 두고 양쪽 절벽 위를 트레킹 할 수 있으며, 고지 아래로 내려가서 데일즈 고지의 계곡을 가운데에 두고 양쪽 고지 바닥의 숲길을 트레킹 하는 것도 가능하다. 서큘러풀에서 포르테스큐 폭포 쪽으로 트레킹 하든, 역으로 트레킹 하든, 한 번은 절벽 위로, 한 번은 절벽 아래에서 물을 따라 트레킹 하는 것을 추천한다.

태양 빛이 강한 오후에는 절벽 위의 트레킹 길을 따라 이동하다 보면 매우 더워서 엄청난 양의 물을 마시게 된다. 하지만 절벽 위에서 아래를 내려다보는 풍경은 고지 아래에서 절벽 위를 올려다보는 것과는 느낌이 전혀 다르므로 두 가지를 모두 경험해 보는 것이 좋다. 이왕이면 절벽 위를 따라 포르테스큐 폭포까지 트레킹 하며 데일즈 고지 전

체를 감상해 보고 포르테스큐 폭포로 내려가서 고지를 가까이에서 느끼는 것이 좋다. 만일 고지 아래로 직접 내려가기를 바란다면 서큘러풀 전망대에서 얼마 떨어지지 않은 곳의 리스크 에어리어 표지를 주의해서 찾아야 한다. 미리 트레일을 눈에 익혀 두었다가 'You are here'라고 써 있는 표시가 내려가는 위치에 적혀 있는 리스크 에어리어 표지가 발견되면 멈춰 서서 절벽 아래로 내려가는 길을 찾아야 한다. 내려가는 길은 쉽게 보이지 않는다. 그러나 표지판의 반경 1m 이내에 반드시 길은 있으니 표지판 뒤쪽 절벽을 꼼꼼히 살펴야 한다. 한국처럼 친절하게 잘 닦인 계단이 있을 것으로 생각하면 큰 오산이다.

절벽 위의 트레킹은 긴 바지를 입는 것이 좋다. 트레일을 따라 둥글둥글하게 나 있는 풀들이 살에 닿을 때 매우 따갑다. 눈으로 보는 것과 다르게 만져 보면 바늘이 뭉쳐 있는 것처럼 끝이 뾰족하기 때문이다. 또한 트레일이라고는 해도 길이 뚜렷하게 보이거나 넓지 않고, 약간 풀이 듬성듬성하고 적다는 느낌의 어깨 너비 정도로 좁은 길이기 때문에 풀이 발목 근처에 자주 닿아서 따끔거릴 수밖에 없다.

트레일 안내 표지판이 있는 트레킹 시작 지점부터 포르테스큐 폭포로 내려가는 입구까지 약 30분이 걸린다. 포르테스큐 폭포로 내려가는 길은 굳이 찾지 않아도 눈에 잘 띄며 지층이 계단처럼 풍화되어 내려가기 쉽다. 계단을 따라 내려가며 잠깐씩 멈춰 서서 포르테스큐 폭포를 감상하는 것도 좋다. 포르테스큐 폭포는 카리지니 국립공원의 유일한 영구 폭포이다. 로마 콜로세움의 원형 경기장과 같은 계단식 구조로 폭포 주변을 둘러싼 절벽은 유난히 붉게 보이는데 9개의 고지 중 철광석이 가장 많이 함유된 곳이기 때문이다. 암석들은 붉은색과 검은색, 황토색 지층이 교대로 쌓여 있고, 특히, 검은색 지층은 철 성분이 많이 함유되어 자석이 잘 붙는다.

카리지니의 대표적 지층인 시생대 호상 철광층. 철의 함량이 높아 자석이 붙어있는 것을 볼 수 있다.

포르테스큐 폭포 가장자리를 따라 고지 아래의 트레킹이 시작된다. 데일즈 고지의 진짜 매력은 이 트레킹에 있다. 계곡을 따라 걷는 이 트레킹은 서호주의 푸른 숲과 다채로운 야생화를 만날 수 있고, 크고 작은 도마뱀과 맞닥뜨리거나 독사가 나타나기도 한다. 트레킹 내내 페이퍼박 *Paperbark* 나무와 흰 유칼립투스 나무로 둘러싸인 무성한 초록 동굴이 이어진다. 꽃이 피는 시기에는 서호주의 대표적인 야생화인 연보라색 물라물라스, 노란색 카시아스, 파란색 블루벨스 등 다양한 야생화를 구경하는 재미가 쏠쏠하다. 드문드문 맞닥뜨리게 되는 그 이국적인 풍경에 지루하지 않은 시간이다.

폭포 아래에 고인 물웅덩이의 가장자리를 따라 나오는 과정에서 발이 약간 물에 젖을 수 있다. 발이 많이 잠길 정도는 아니기 때문에 샌들을 신는 것이 좋고, 트레킹은 전체적으로 쉬운 편이므로 굳이 등산화를 신을 필요까지는 없다. 다만, 마지막에 다시 서큘러풀에서 절벽 위로 올라가는 길이 낮은 산을 등산하는 것과 같기 때문에 조금 힘들다고 느낄 수 있다. 생각보다 오래 걸리진 않으므로 충분히 할 만하다.

데일즈 고지 *Dales Gorge*의 포르테스큐 폭포의 풀 *pool*

    한 시간 정도 내리막길을 내려가 데일즈 고지에 다다르게 되면 공원의 유일한 영구 폭포인 포르테스큐 폭포를 발견하게 된다. 맨 밑으로 내려가면 포르테스큐 폭포수 아래나 근처의 펀 풀 *Fern Pool*에서 물놀이를 하거나 두 시간 왕복 코스로 협곡 반대쪽에 있는 서큘러 풀까지 하이킹을 즐길 수 있다.

    포르테스큐 폭포 층리면의 햇빛이 잘 드는 곳에는 어김없이 태닝을 즐기는 이들이 자리 잡고 누워 있다. 100캐럿으로 빛나는 서호주의 태양 아래 마냥 여유를 누리는 이들이 부러워지는 순간이다.

    펀 풀 *Fern Pool*은 포르테스큐 폭포를 지나 200m 정도의 숲길을 더 지나가면 나타난다. 이곳이 데일즈 고지의 종착점이다. 카리지니에서는 좀처럼 발견하기 어려운 사람의 손길이 닿은 곳으로 물웅덩이 주변에 나무 데크를 깔고 손잡이와 벤치까지 설치해 놓았다. 튜브를 낀 어린 아이들이 거침없이 이곳에서 다이빙을 시도한다. 수심은 어린이가 뛰어들어도 안전할 만큼 얕은 편이지만, 가장 깊은 곳은 수심이 3m에

이른다고 하니 방심은 금물이다.

　이렇게 고지를 섭렵하고 나면 마지막 코스로 '데일즈 데이 유즈 에어리어*Dales day use area*'에 서 한낮의 태양을 피하는 것도 현명한 방법이다. 화장실, 주차 공간, 차양과 테이블, 간단 한 그릴까지 갖추고 있으니 준비만 제대로 한다면 말 그대로 '아웃백 스테이크'를 제대로 즐 길 수 있다. 여기서 1㎞만 더 지나면 캠핑과 캐러밴 사이트, 화장실과 샤워실, 그리고 바비 큐 장비를 갖춘 데일즈 캠핑장도 만날 수 있으니 이곳에서 아웃백의 특별한 추억을 쌓아 보 는 것도 좋다.

데일즈 고지 편 풀 *Fern Pool*

조프리 고지 *Joffre Gorge*의 마지막인 세 번째 풀. 수심이 깊고, 길이 없어 장비 없이는 지나가기 어렵다.

조프리 고지 *Joffre Gorge*

◇ 찾아가는 법 : 카리지니 에코 리트리트로부터 도보로 10분 정도 걸리는 300m 떨어진 곳
　　　　　　　에 위치해 있다.

◇ 난이도 : 중

◇ 총 길이 : 3km

◇ 소요 시간 : 왕복 3시간

　조프리 고지 *Joffre Gorge*는 에코 리트리트에서 걸어서 10분 정도 걸리는 300m 떨어진 곳에 위치해 있다. 안내 표지판이 친절하게 세워져 있어 길을 찾기도 힘들지 않다. 클래스 5에 해당하지만 장비가 필요한 곳은 없다. 고지 아래로 내려가는 자연 암벽 계단이 꽤 높이 차가 있는 암석들로 되어 있어서 클래스 5로 지정된 것 같다.

약 20분 정도 내려오면 조프리 폭포를 만나게 된다. 폭포 주변을 둘러싼 절벽에서는 이 엄청난 풍경을 만들어 낸 물의 힘을 느낄 수 있다. 조프리 고지는 특히 비가 온 뒤 매우 인상적인데 안타깝게도 이곳은 보통 건조하다. 우기 때 방문했어도 폭포의 물줄기가 폭포 아래의 물웅덩이까지 연결되어 흐르는 모습을 보기는 어려웠다.

조프리 고지의 첫 번째 풀. 건기라 물이 많이 말라 있다.

들어온 입구 방향으로 다시 돌아서서 절벽 사이를 통과하여 계속 트레킹을 하다 보면, 어른 키를 기준으로 목 깊이 정도의 물웅덩이를 두 개 만나게 된다. 두 지역 모두 물에 빠지지 않으려면 절벽을 구성하는 층리면을 밟으며 통과해야 한다.

조리프 고지의 두 번째 풀

이렇게 트레킹 하다 보면 몇 분 지나지 않아 바로 올림픽 스위밍 풀을 만나게 된다. 이 풀을 지나는 길은 극히 협소하고 지나야 할 길의 난이도가 높다. 좁은 협로를 따라 벽을 잡고 기다시피 10m 걸어가면 마지막 세 번째 풀이 나온다. 풀까지 내려가기에는 바닥에 물이 꽤 급한 경사로 흐르고 있고, 양쪽 절벽도 마땅히 밟을 곳이 없어 위험해 보인다. 녹색 이끼를 피해 오른쪽 절벽을 구성하는 층리면을 조심히 밟아가며 한 걸음씩 절벽을 따라 돌아가면 올림픽 스위밍 풀을 제대로 감상할 수 있다.

절벽 끝 코너를 돌 때는 특별히 조심해야 한다. 왼쪽 절벽에 손을 대고 발로 밀쳐내며 반동의 힘으로 넘어가야 한다. 조프리 고지 트레일 중 가장 힘든 순간이다. 자신이 없으면 생략하는 것이 좋다. 자칫 잘못하면 풀에 빠지게 되는데, 깊은 곳은 5m라고 하니 조심할

조프리 고지의 세 번째 풀인 올림픽 스위밍 풀

필요가 있다. 그러나 협로를 따라 진입하면 우측에 몇 명이 앉아 있을 작은 공간이 나온다. 이곳에 조용히 앉아 물에 반영된 경치를 바라보고 있노라면 시간 가는 줄 모르는 정적인 아름다움이 느껴진다. 조프리 고지 트레일 코스는 매우 짧아서 특별히 안내 지도도 필요 없을 정도이다.

세 번째 풀로 가는 좁은 협로. 측면의 돌출된 부분을 잡고 걸어야 하는 어려움이 있다.

핸콕 고지 | *Hancock Gorge*

◇ 찾아가는 법 : 카리지니 비지터 센터에서 반자마 드라이브 로드를 타고 옥서 전망대 방향으로 약 40㎞ 이동한다.

◇ 난이도 : 상 – 카리지니에서 가장 어려운 코스

◇ 총 길이 : 5㎞

◇ 소요 시간 : 왕복 6시간

핸콕 고지 *Hancock Gorge* 는 '지구의 중심'이라는 별명을 갖고 있다. 카리지니에서 가장 깊은 고지이기에 이런 별명을 갖게 된 것 같다. 절벽을 내려가는 데 두 번 정도는 자일을 타고 계속 내려가야 지하 105m인 지구의 중심에 다다를 수 있다. 무릎 위까지 물이 차는 계곡을 가로질러 건너야 하고 이끼를 피해 발을 잘 디뎌야 미끄러지지 않는다. H1 지점에서 핸콕 고지 트레일을 확인하자.

핸콕 고지는 다른 고지들과 달리 만만치 않은 구간들이 꽤 있다. 초입부는 협곡을 물을 따라서 걷는 구간이다. 경사도 완만하고 태양이 내리쬐는 빛과 계곡의 암부가 적절해서 기분이 좋아진다. 그러니 힘들이지 않고 산책하듯 걸으면 된다. 사다리를 타고 암벽을 내려가야 하는 '더 레더' 구간을 지나서 걷다 보면 물웅덩이를 만나게 되는데, 곳곳의 물웅덩이들이 어른들의 수영장 역할을 하고 있다.

물웅덩이를 지나고 나면 클래스 5로 변하는 꽤 어려운 코스에 접어든다. 체력도 체력이지만 온몸의 신경을 곤두세우고 집중해야 하는 만큼 에너지 소비가 상당하며 성인 남자 키를 기준으로 가슴까지 잠기는 깊이이다. 총 길이가 약 20m 정도 되어 보이고 절벽 그림자가 드리워져 물웅덩이 바닥이 보이지 않는다. 그렇다고 폭이 아주 좁은 것도 아니어서 양쪽

절벽을 붙들고 건너갈 수도 없으며, 양팔을 쭉 뻗어도 닿지 않으니 폭은 약 2m 정도일 것이다. 물에 빠질 위험을 감수해야 하지만, 장비 없이 건너는 것도 가능하다. 절벽과 수면의 경계부에 발목 약간 위까지만 잠기게 한 채 절벽을 잡고 수면 아래로 이어져 있는 층리면 위를 밟으며 건너는 것

처음 만나는 물웅덩이 구간. 시작일 뿐이다. 물웅덩이 구간을 직접 건너기 위해 준비하고 있다.

도 방법이다. 발을 떼지 않고 미끄러지며 이동하면 꽤 안전한 듯하다.

이 구간을 지나고 나면 스파이더 워크 *Spider Walk* 구간이 나타난다. 좁은 양쪽 절벽을 손으로 짚고 비교적 완만하게 흐르는 폭포를 밟으며 지나가야 하는 구간이다. 위험하지는 않고 장비도 필요 없으며 매우 수월하다.

스파이더 워크 *Spider Walk* 구간

스파이더 워크 구간이 끝나면 커밋 풀 *Kermits Pool*이 나타난다. 이 풀은 매우 깊다. 수영을 아주 잘하는 사람이라고 해도 섣불리 물에 들어가지 말아야 한다. 깊이가 일정하지 않으며 미끄러운 구간이 있어 위험하다. 마찬가지로 절벽의 층리면 위를 밟고 건너야 하는데, 일부 구간은 얕은 천정처럼 윗부분이 더 밖으로 돌출되어 있어 걷지 못하고 앉아 엉덩이로 건너야 하는 구간도 있다. 잘 보면 절벽을 따라 자일을 이용할 수 있는 둥근 못이 박혀 있다. 물론 우리가 방문한 시기는 완벽한 비수기라 가이드도 구할 수 없고, 자일을 이용할 수도 없었다. 그러나 아무런 장비 없이 여기까지는 통과할 수 있다.

큰 풀을 건너고 나면 마지막 클래스 6 구간이 나타난다. 접근 금지를 알리는 띠가 둘러져 있다. 띠 너머로는 절벽을 따라 흐르는 계곡물이 깊은 아래쪽으로 흘러내린다. 아무리 용감해도 이곳은 장비 없이는 무리이다. '남자의 자격'에서 이윤석 씨가 장비를 몸에 걸치고 내려갔던 곳으로 유명한, 지구의 중심으로 가는 마지막 관문이다. 이 모든 곳을 통과하고 나서야 핸콕 고지의 목표 지점이라 할 수 있는 지구의 중심 '센터 오브 더 어스'에 도착하게 된다. 핸콕 고지의 가장 깊은 구간이자 카리지니의 9개 고지 중 가장 깊은 구간이기도 하다.

이곳에서 지상까지는 무려 105m로 계곡 위에는 옥서 전망대가 위치한다. 이곳은 핸콕 고지가 끝나는 지점인 동시에 레드, 위노, 조프리 고지와 만나는 곳이기도 하다. 네 개의 고지가 만나는 지점에 자리한 청명한 호수를 '센터 오브 더 어스'라 부르는데, 카리지니를 만들었다는 애버리지니의 전설 속 왈루 뱀이 곤히 잠들어 있을 것 같은 신비로운 물길이 이어진다. 돌아오는 트레일이 따로 있진 않다. 처음 내려왔던 길을 그대로 다시 거슬러 올라가는 코스이다. 한 번 지나온 곳이라 그런지, 돌아가는 것은 훨씬 수월하다.

Tip

- 현지 웨스트 오즈 액티브 어드벤처(www.westozactive.com) 프로그램으로 핸콕 고지를 돌아볼 경우 장비 일체가 제공된다. 1인당 $215이며, 개별 여행자는 레스톡 투어(www.lestoktours.com.au/karijinipark)를 이용하면 편리하다.

위노 고지 *Weano Gorge*

◇ 찾아가는 법 : 카리지니 에코 리트리트에서 15㎞

◇ 난이도 : 중

◇ 총 길이 : 3㎞

◇ 소요 시간 : 왕복 3시간

위노 고지는 카리지니 에코 리트리트에서 15㎞ 떨어진 곳에 위치하고 있으며, 정크션 풀 전망대 *Junction Pool Lookout* 아래에서 만나는 세 개 고지의 북쪽 방향이다. 이곳의 트레일은 매우 쉬운 클래스에 해당하는 루프 도보 후 핸드레일 풀 *Handrail Pool* 로 내려가서 등반에 도전해야 한다. 고지는 아름다운 풍경과 가파른 절벽, 좁은 도보 통로가 있다. 계곡 위로 우뚝 솟은 호상 철광층이 밑바닥까지 이어져 있어 잊을 수 없는 아름다움을 제공한다.

핸드레일 풀 트레일은 조금 더 도전적으로 고지를 내려갔다가 올라와야 한다. 위노 고지의 주차장에서 위노 고지 가장자리를 따라 트레일 한 후 더 아래쪽으로 내려와야 한다. 이곳은 탑처럼 높은 암벽으로 되어 있다. 고지 트레일은 더 좁아지며 더 어려워지고, 핸드레일 풀의 차가운 물에 잠겨 길을 따라 올라가야 하므로 더 주의해야 한다.

옥서 전망대 *Oxer Lookout*

옥서 전망대 *Oxer Lookout* 는 조프리 고지, 핸콕 고지, 레드 고지 및 위노 고지의 전망을 한꺼번에 볼 수 있는 곳이다. 카리지니 국립공원에서 가장 아름다운 전망 중 하나이므로 놓칠 수 없다. 특히 정오에서 늦은 오후까지 그림자가 절벽 사이로 움직일 때 바라보는 전경이 가장 장관이다. 그 붉은 암석들의 이글거림과 웅장함은 사진으로도 완벽하게 담아내지 못할 정도로 멋지다.

옥서 전망대는 길이 약 800m로서 이곳에서 얼마나 사진을 찍느냐에 따라 소요 시간도 달라진다. 만일 사진을 찍지 않는다면 한 바퀴 돌아보는 데 약 30분이 소요된다. 이곳 옥서 전망대부터 현지 가이드의 안내를 받으며 트레킹을 시작하는 것도 좋다. 가파르지만 아름다운 핸콕 고지로 걸어가 보거나 물놀이를 즐기기에 안성맞춤인 위노 고지 *Weano Gorge* 의 핸드레일 풀 *Handrail Pool* 까지 가 보는 것도 좋다. 트레일은 여러 코스가 있으니 선택하기 나름이다.

에코 리트리트 *Eco Retreat*

 에코 리트리트 *Eco Retreat* 의 관리 사무소를 먼저 방문하자. 캐러밴 주차 장소 및 배정받은 숙소와 저녁에 이용할 바비큐 장소 등을 확인할 수 있으며, 무엇보다 각종 고지 트레일 안내 지도와 에코 리트리트 안내 지도를 얻을 수 있다. 따로 요금을 내면 조식도 제공된다.

 에코 리트리트는 자연과 조화를 이룬 설정으로 매우 환경친화적이어서 매년 11월부터 다음 해 3월까지는 비수기 요금이 적용되어 객실 가격이 조금 낮아진다. 숙박 시설은 여러 가지가 있는데 캐러밴에 적합한 야영장도 제공되지만 친환경을 추구하다 보니 태양 에너지를 사용하여 전원을 공급하므로 기상 조건에 따라 전원이 전혀 공급되지 않는 경우도 있다. 게다가 다음 목적지가 뉴만인 경우 가장 가까운 주유소가 약 200㎞ 정도 떨어져 있으니 이틀 이상 에코 리트리트에서 숙박하려면 차의 기름도 아껴야 한다. 즉, 덥거나 추워도 시동을 켜 놓고 에어컨 또는 난방을 켜는 것은 사치이다.

에코 리트리트의 디럭스 에코 텐트. 자연친화적이며 뒤편에
별을 보며 샤워할 수 있는 시설이 되어 있다

디럭스 에코 텐트를 이용하는 경우에는 개인 욕실이 제공되고 전면 및 후면 데크가 있으며 킹사이즈 침대 1개 또는 싱글 침대 2개가 제공된다. 그러나 친환경을 추구하는 것은 마찬가지여서 최소한의 전력만 공급되어 카메라 배터리나 핸드폰 충전 정도만 가능하다. 에어컨은 없고 한 객실당 세 명이 사용 가능하다.

기숙사 형태의 숙소로 전원이 공급되지 않는 에코 텐트도 있다. 재활용 재료를 사용하여 자연환경에 거의 영향을 주지 않는 구조를 갖고 있으며 천막 안에 이층 침대가 놓여 있어 여덟 명까지 잠을 청할 수 있다.

캐러밴 야영장을 이용하는 경우에는 공동 샤워 시설을 이용할 수 있다. 샤워 시설은 임시로 세운 것처럼 허술하게 생겼고, 개구리, 뱀, 거미 등 각종 곤충과 동물이 자주 나타나곤 하며 낮에 태양열로 데운 온수를 사용할 수 있긴 하나 물은 아껴 써야 한다.

한여름이라서 그랬을까. 어두워지면 모기는 엄청나게 많다. 바비큐장에서 식사를 하기 위해 1시간을 보내고 나면 발목 주변으로 대여섯 번은 물리는 정도. 캐러밴에서 잘 때도 전기 공급이 안 되어 에어컨 사용이 불가능하므로 따로 모기장을 준비해서 모든 창문 등에 테이프로 붙이고 문과 창문들을 모두 열어 놓고 자야 한다. 바비큐장 이용 시에는 자신의 조리 기구와 그릇, 수저를 지참해야 한다.

쓰레기 버리는 장소는 마땅치 않고 관리 사무소 앞 쓰레기통에 쓰레기를 버리는 것도 불가능하다. 실제로 이틀을 숙박하고 떠날 때 관리 사무소에서 직원이 나오더니 우리가 버린 쓰레기봉지를 다시 돌려주었다. 에코 리트리트에 쓰레기를 버리지 않고 가져가는 것이 방문 규정이란다.

카리지니 입구의 무인 입장권 발매소

카리지니 에코 리트리트 관리 사무소

Tip

Karijini Eco Retreat 연락처

· 주소 : 206 Adelaide Tce, Perth WA 6000

· 전화 : 08 9425 5591

· 팩스 : 08 9425 5566

· 우편 주소 : Po Box 6005, East Perth WA 6892

· 사이트 : www.karijiniecoretreat.com.au

· 이메일 : reservations@karijiniecoretreat.com.au

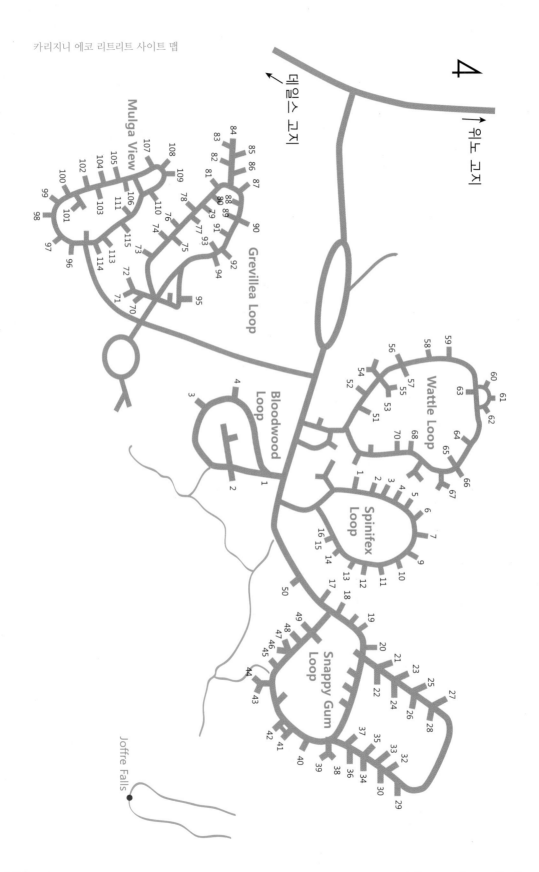

카리지니 에코 리트리트, 에코 텐트에서의 석양

O **방문자 입장료** *Visitor fees*

카리지니 국립공원은 입장료를 내야 하는데, 이 돈은 공원을 유지하고 발전시키는 데 사용된다. 공원을 방문하기 전에 카리지니 국립공원의 입구 요금소나 비지터 센터, 또는 환경 보존 *DEC* 사무실이나 필바라 비지터 센터에서 입장료를 내도록 하자. 카리지니 에코 리트리트에 머물 경우에도 마찬가지로 공원 입장료를 내야 하며 캠핑장 이용료는 별도이다. 그러니 캠핑 지역에 있는 수집 상자에 캠핑 이용료를 넣도록 한다. 카리지니 1일 패스는 차량 1대당 $12(약 12,000원)이다.

O **비지터 센터** *Visitor Centre*

카리지니 비지터 센터는 반지마 *Banjima* 드라이브에 자리하고 있다. 4월에서 10월까지는 오전 9시부터 오후 2시까지, 11월부터 3월까지는 오전 10시에서 오후 2시까지 오픈한다(동절기에는 문을 닫을 때도 있다). 비지터 센터는 공원의 자연과 문화 역사에 관한 정보를 제공한다. 기념품, 시원한 음료수와 얼음을 사용할 수 있으며 샤워 시설과 화장실을 비롯해 주차장 옆에는 공중전화도 있다.

O **공원 관리** *Care for the park*

- 환경을 보호하기 위해 도로와 트레일 코스에만 머물러야 한다.
- 폭우가 내리는 경우 도로가 폐쇄될 수 있다.
- DEC (08) 9182 2000 또는 The Shire of Ashburton의 (08) 9188 4444로 전화를 걸어 여행 상태를 체크한다.
- 동물, 식물 또는 바위를 훼손하지 않는다. 애완동물과 총기는 허용되지 않는다.
- 세제로 풀 *Pool*을 오염시키지 말도록 한다. 수생 생물을 죽일 수도 있다.
- 산불을 조심한다. 여행 기간 중 한두 번은 산불을 볼 수 있을 정도로 산불 발생 빈도가 높다.
- 제공되는 가스 바비큐 장치와 휴대용 조리 기구를 사용하고 땅에 불을 붙이거나 고체 연료를 사용하는 것은 금지한다.
- 쓰레기봉투를 가져가고 발자국 외에는 아무것도 남기지 않는다.

○ 기후 *Climate*

공원은 열대 사막과 비슷한 기후를 보인다. 여름철에는 아주 변화가 심해서 강수량이 250~350㎜가 되며 고지의 물 흐름을 변화시킨다. 여름철에는 고지의 풀에서 수영하기에 딱 좋도록 기온이 자주 40℃를 웃돈다. 겨울에도 따뜻하긴 하지만 밤에는 춥거나 때때로 서리가 내리기도 한다.

○ 캠핑 *Camping*

- 캠핑은 지도에 표시된 곳에서만 해야 한다. 캐러밴 충전은 데일즈 캠프장과 카리지니 에코 리트리트에서만 가능하다. 사용 가능한 시설로는 화장실, 가스 바비큐와 피크닉 테이블이 있다.
- 데일즈 캠프장 주위에는 딩고가 많이 돌아다닌다. 음식 쓰레기를 뒤지고 공격적으로 변할 수 있다. 딩고에게 절대 먹이를 주지 말고 항상 아이들 주변에서 감시하며 음식과 아이스박스를 차량 안에 보관하지 말아야 한다.
- 쓰레기는 가져가고 21시부터 9시 사이에는 발전기를 끄도록 한다. 카리지니 에코 리트리트에서 밤에 활동하려면 손전등을 소지하는 것이 좋다.

○ 전화 *Telephones*

- 공중전화는 카리지니 에코 리트리트 비지터 센터에 있다.
- 휴대 전화는 고지에서 작동하지 않는다.
- 위노의 Day Use area에는 비상 라디오가 있다.

○ 물 *Water*

물은(단, 깨끗하지는 않음) 지도에 표시된 해당 지역에 있는 탱크에서 사용할 수 있는데, 고지를 탐험할 계획이라면 물이 충분한지 확인해야 한다. 고지 트레일 중 일부는 몇 시간이 걸리거나 가파른 오르막을 등반해야 하는 경우도 있으므로 스스로에게 적당한 수준의 트레일 난이도를 확인해야 한다.

○ 전망대 *Lookouts*

울타리 너머로 나가지 말고, 사람들이 아래에서 걷고 있을 수 있으므로 고지 안으로는 절대 돌을 던지지 않는다.

○ 산책 *Walking*

- 먼저 적절한 트레일을 선택한다.
- 절벽 가장자리에는 100m 높이의 바위들이 있다.
- 밤에 하이킹을 하는 경우 믿을 만한 사람에게 알린다.
- 고지에서는 부드럽고 미끄러운, 특히 젖어 있는 바위들을 조심한다.

○ 경고 *Warning*

- 홍수가 발생할 수 있으므로 비가 올 경우 고지에 들어서지 않는다.
- 이미 고지에 있을 경우 재빨리 빠져나온다.
- 튼튼한 운동화를 착용하고 물을 충분히 가져간다.

○ 수영 *Swimming*

- 태양빛에 그을린 사람들은 빨리 깊은 물속에 들어가고 싶어 하겠지만 고지의 물은 깊거나, 그늘지거나, 매우 차가울 수 있다.
- 특히 4월부터 9월까지는 물이 매우 차가우며 저체온증이 발생할 수 있다.
- 다이빙을 하거나 물로 점프하지 않는다.
- 사전에 카리지니 여행자 센터에 등반 시간과 인원수를 반드시 신고해야 한다.

○ 운전 및 주유

- 카리지니 국립공원과 에코 리트리트에는 비포장도로가 있으므로 느린 속도로 안전하게 운전하는 것이 좋다. 도로에서는 사륜구동이 좋지만 이륜구동의 경우에도 느린 속도로 운전할 수는 있다. 캐러밴의 경우 훨씬 더 속도를 늦출 필요가 있으며 스페어타이어를 항상 가지고 다니는 것이 좋다.
- 오프로드에서는 이륜구동의 운행이 허용되지 않을 수 있으니 차를 빌릴 때 그 업체의 정책을 체크하는 것이 좋다. 업체 측의 규정에 따라 계산 방식이 달라 돈을 더 지불할 수도 있다.
- 톰 프라이스 이외에는 주유소가 없다. 톰 프라이스에서 쇼핑을 하고 주유를 가득 하고 오자. 또한 다음 목적지가 뉴만이라면 그 중간에는 주유할 곳이 없으니 기름을 아끼도록 하고 여유분을 준비해서 부족함을 해결하여야 한다.

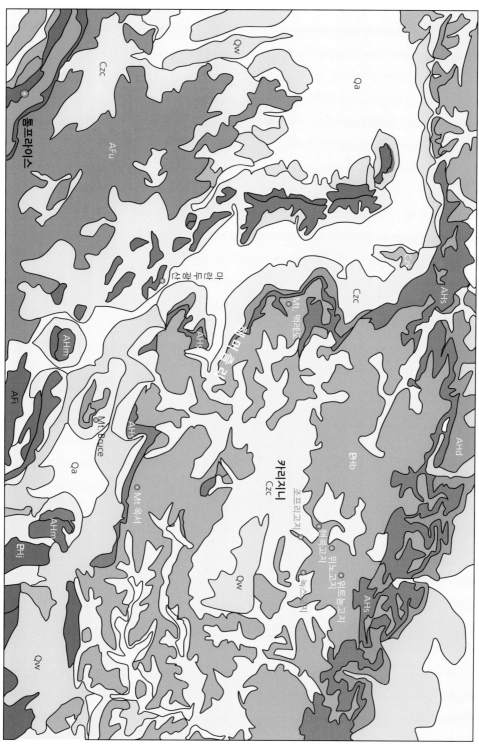

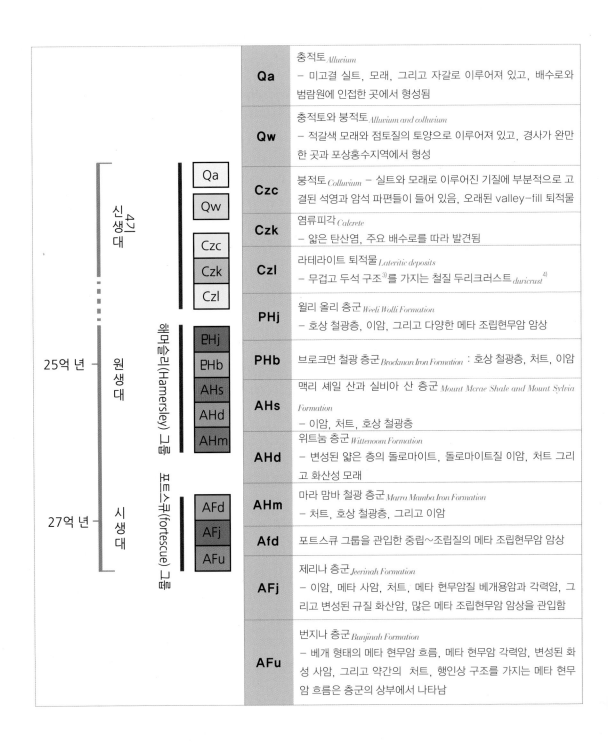

	Qa	충적토 *Alluvium* – 미고결 실트, 모래, 그리고 자갈로 이루어져 있고, 배수로와 범람원에 인접한 곳에서 형성됨
	Qw	충적토와 붕적토 *Alluvium and colluvium* – 적갈색 모래와 점토질의 토양으로 이루어져 있고, 경사가 완만한 곳과 포상홍수지역에서 형성
	Czc	붕적토 *Colluvium* – 실트와 모래로 이루어진 기질에 부분적으로 고결된 석영과 암석 파편들이 들어 있음, 오래된 valley-fill 퇴적물
	Czk	염류피각 *Calcrete* – 얇은 탄산염, 주요 배수로를 따라 발견됨
	Czl	라테라이트 퇴적물 *Lateritic deposits* – 무겁고 두석 구조[3]를 가지는 철질 두리크러스트 *duricrust*[4]
	PHj	윌리 올리 층군 *Weeli Wolli Formation* – 호상 철광층, 이암, 그리고 다양한 메타 조립현무암 암상
	PHb	브로크먼 철광 층군 *Brockman Iron Formation* : 호상 철광층, 처트, 이암
	AHs	맥리 셰일 산과 실비아 산 층군 *Mount Mcrae Shale and Mount Sylvia Formation* – 이암, 처트, 호상 철광층
	AHd	위트눔 층군 *Wittenoom Formation* – 변성된 얇은 층의 돌로마이트, 돌로마이트질 이암, 처트 그리고 화산성 모래
	AHm	마라 맘바 철광 층군 *Marra Mamba Iron Formation* – 처트, 호상 철광층, 그리고 이암
	Afd	포트스큐 그룹을 관입한 중립~조립질의 메타 조립현무암 암상
	AFj	제리나 층군 *Jeerinah Formation* – 이암, 메타 사암, 처트, 메타 현무암질 베개용암과 각력암, 그리고 변성된 규질 화산암, 많은 메타 조립현무암 암상을 관입함
	AFu	번지나 층군 *Bunjinah Formation* – 베개 형태의 메타 현무암 흐름, 메타 현무암 각력암, 변성된 화성 사암, 그리고 약간의 처트, 행인상 구조를 가지는 메타 현무암 흐름은 층군의 상부에서 나타남

4) 두석 *pisolite*: 직경이 2㎜보다 큰 구형의 동심원적 엽층리가 발달한 암석을 말한다. 두석은 퇴적암과 화산 쇄설암에서 산출된다.
5) 두리크러스트 *duricrust*: 리모나이트, 보크사이트, 실리카, 석회 등이 집적되어 형성된 대단히 단단한 풍화각을 말한다.

호상 철광층 _Banded Iron Formation, BIF_ 이란?

호상 철광층은 철분이 풍부한 자철석(Fe_2O_4), 적철석(Fe_3O_3)으로 이루어진 철광층과 철성분이 포함되지 않은 규질의 처트로 이루어진 층이 반복적으로 퇴적되어 띠 모양을 이루고 있는 층으로, 주로 19억 년 전에서 25억 년 전 원생대에서 퇴적되었다.

호상 철광층은 열수 분출공, 대륙에서의 침식 등에 의해 공급된 철 이온이 산소와 결합하는 화학 반응을 통해 형성된다. 현재 호주, 캐나다, 브라질, 남아프리카 등지에 분포하며 이는 세계 철광석의 약 60%를 차지한다. 그중 호주 지역의 호상 철광층이 가장 유명하며 우리나라도 호주에서 철광석을 수입하고 있다.

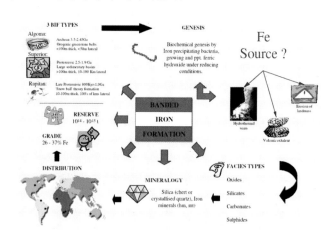

호상 철광층을 이루는 철광석과 처트층의 반복적인 변화는 해양 환경의 변화, 특히 바닷속 유리 산소의 변화와 관계가 있어 호상 철광층에 대한 연구를 통해 산소의 등장 및 변화의 역사를 추론할 수 있다.

호상 철광층의 형성 과정

호상 철광층을 만든 철 이온은 주로 해저 열수 분출공에서 공급되었으리라 생각된다. 산소가 결핍된 바닷속 열수 분출공에서 철 이온이 공급되면 심해저를 철 이온으로 포화시킨다. 반면 표층에서는 시아노박테리아의 광합성에 의해 산소가 생성된다.

심해를 포화시킨 철은 표층까지 상승하고 여기서 시아노박테리아에 의해 생성된 산소와 반응하고 침전되어 철광석층을 이룬다. 곧 철광층의 등장은 바다에서 산소가 만들어졌음을 방증한다. 이 과정을 통해 시아노박테리아에 의해 생성된 산소는 바로 제거된다. 이때 호상 철광층에 묶인 산소의 양은 현재 대기의 양보다 20배 정도 많다.

해수의 산소는 적철석, 자철석 등으로 바로 제거되므로 해수에 녹아 있는 산소의 양은 증가하지 않는다. 하지만 시아노박테리아가 해수면 근처에서 급증하여 더 많은 산소를 만들어 내자 공급된 산소는 철 이온에 의해 산화철로 제거되는 양보다 많아져 누적되기 시작한다. 이렇게 증가한 산소는 모든 생물에게 환영 받지는 못하는데 산소는 생명체의 세포를

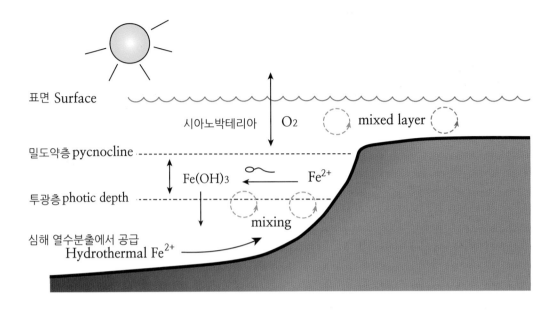

표면 Surface

시아노박테리아 O_2 mixed layer

밀도약층 pycnocline

$Fe(OH)_3$ Fe^{2+}

투광층 photic depth

mixing

심해 열수분출에서 공급
Hydrothermal Fe^{2+}

파괴하는 위험한 물질이기 때문이다. 증가한 산소는 대부분의 생물을 멸종으로 이끌었다. 따라서 더 이상 산소가 공급되지 않고 철의 침전도 중단된다. 이 기간 동안 육상에서 공급된 규질의 처트가 침전된다. 그러나 시간이 흐른 후 박테리아는 다시 증가하여 산소를 배출하고 다시 철광층은 침전된다. 이 과정이 반복적으로 나타난 흔적이 호상 철광층이다.

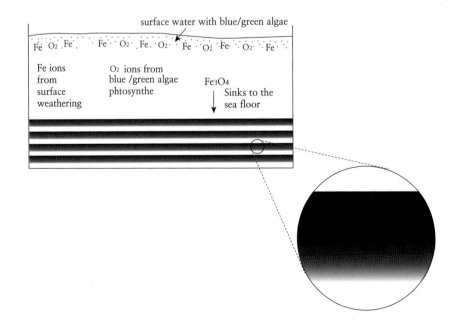

surface water with blue/green algae

Fe O_2 Fe Fe O_2 Fe O_2 Fe O_2 Fe O_2 Fe

Fe ions from surface weathering

O_2 ions from blue /green algae phtosynthe

Fe_3O_4
Sinks to the sea floor

환경에 따른 호상 철광층의 구성 성분 변화

호상 철광층을 이루는 철광층은 다양한 화합물의 형태로 산출된다. 황, 산소, 탄소 등과 결합된 형태로 산출되는데, 이는 퇴적 당시의 해양 환경에 따라 결정된다.

해침현상이 일어날때는 탄소 공급이 많은 육지 근처에서는 능철석이, 탄소가 공급되지 않는 조금 먼 곳에서는 산화철이 형성되며, 더 깊은 곳에서는 산소 공급이 쉬운 곳에서는 자철석(Fe_2O_4)이, 먼 곳에서 적철석(Fe_3O_3)이 형성된다.

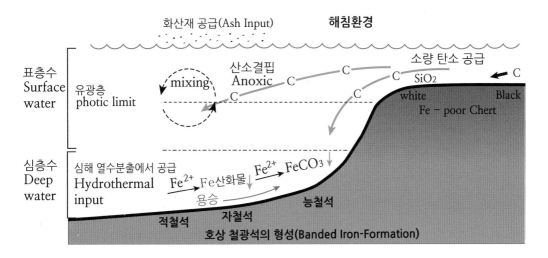

반면 해퇴 환경에서는 육지로 드러난 연안부 석회질 퇴적층이 침식되어 바다에 많은 양의 탄소를 공급하게 된다. 이와 같은 환경에서는 주로 석회질 물질이 퇴적되며 황철석을 포함하기도 한다.

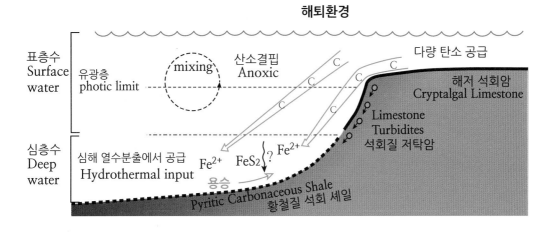

산소의 증가에 따른 호상 철광층의 변화

원생대 초기까지 호상 철광층은 공급되는 산소와 결합하여 산소를 모두 제거하며 퇴적·성장해 왔다. 원생대 중기 이후 바다 환경은 산소에 적응하기 시작하고 이를 생명 작용에 활용하기 시작한다. 그로 인해 바닷속 산소의 양은 계속적으로 증가하기 시작한다. 중기 원생대 이후에는 심해층까지 산소가 퍼져 나가 열수 분출공 등에서 철 이온이 공급되어도 분출 즉시 산소를 만나 침전하게 된다. 따라서 현재는 열수 분출공 근처를 제외하고는 호상 철광층이 만들어지지 않는다.

a. 시생대~원생대 초기

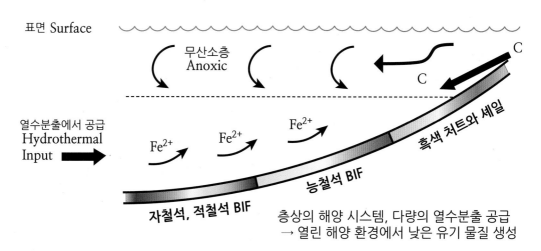

b. 초기~원생대 중기

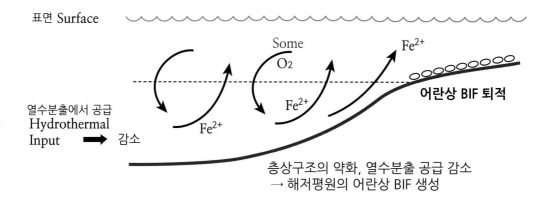

c. 원생대 중기

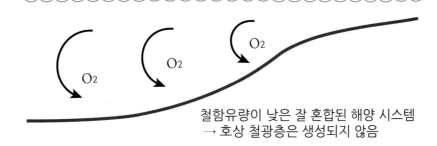

표면 Surface

O₂   O₂   O₂

철함유량이 낮은 잘 혼합된 해양 시스템
→ 호상 철광층은 생성되지 않음

호상 철광층의 연대를 통한 산소의 역사 유추

호상 철광층은 27억 년 전 무렵 대규모로 형성되었지만, 17억 년 전 이후로는 더 이상 형성되지 않았다. 이는 17억 년 전 이후부터는 호상 철광층을 만들 수 있는 환경이 아님을, 즉 산소가 심해까지 포화되었음을 뜻한다. 흥미롭게도 비슷한 시기인 약 22억 년 전 즈음에 육상에서 적색 사암이 등장하기 시작했다. 적색 사암은 붉은색을 띠는 사암으로 사암의 철 성분이 산화로 붉게 보이기 때문이다. 이는 대기 중에 산소가 공급되고 있음을 뜻한다. 호상 철광층의 연대 분포와 육상의 적색 사암 등장 연대를 통하여 대기와 해양의 산소 상태 변화를 유추할 수 있다.

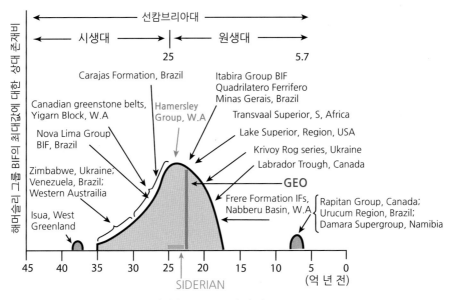

SIDERIAN : 고원생대로 25 ~ 23억 년 전.

제1단계는 대기와 해양이 모두 산소가 부족한 상태, 즉 환원 상태이다. 이 단계에서는 적색 사암은 만들어지지 않으나 호상 철광층은 형성된다.

제2단계는 시아노박테리아의 활동으로 산소의 양이 증가하면서 표층 해수가 산화되고, 남은 산소는 대기 중으로 방출되는 상태이다. 하지만 아직 심층까지

제1단계	제2단계	제3단계
대기 R	대기 O	대기 O
표층해수 R / 표층해수 O	표층해수 O	표층해수 O
심층해수 R	심층해수 R	심층해수 O
22억 년 전	19억 년 전	

는 산소가 공급되지 않아 심층은 환원 상태이다. 이 단계에서는 대기 중의 산소로 인해 적색 사암이 형성되며 심층 해수는 아직 환원 상태이므로 호상 철광층도 형성된다.

제3단계는 점점 증가된 산소에 의해 심층 해수까지 산화된 상태이다. 해양에 산소가 충분하면 분출된 철 이온이 바로 산소와 결합하므로 호상 철광층은 형성되지 않는다.

이러한 시나리오에 호상 철광층의 퇴적 중단 시기, 적색 사암의 등장 시기를 맞춘다면 제2단계는 19억 년에서 22억 년 사이임을 유추할 수 있다. 정리하면 지구상의 산소는 호상 철광층이 처음 등장하는 35억 년 전 해양에서 공급되었으며, 22억 년 전 표층 해수를 포화시킨 산소는 대기 중으로 방출되어 육상에 적색 사암층을 만들었고, 19억 년 전에는 심해까지 포화되었음을 알 수 있다.

카리지니의 밤. Nikon D800, 14mm, F5.6, 30s

갈라하디 에코 라트리트의 별의 일주, Nikon D800, 16mm, ISO200, f5.6, 30s × 240장

서부 내륙 지역

Meekatharra~York, Western Australia

메카타라(Meekatharra)

퍼스

메카타라 *Meekatharra*

메카타라는 남위 26° 6′, 동경 118° 5′으로 퍼스 북동쪽 764km, 제럴턴 동쪽 541km 지점으로 해발 521m에 위치한다. 1890년대에 금이 발견되어 1894년에 첫 정착지가 세워진 곳으로 약 1,218명이 살고 있다.

서호주에서 생산되어 수출되는 석유 및 광물 자원은 전체 산업의 약 90%를 차지하고 있으며 이는 호주 전체 수출액의 절반이 넘는 수치이다. 서호주에서 생산되는 주요 광물 및 에너지 자원은 석유와 천연가스(27%), 철광석(48%), 금(9%), 니켈(6%), 알루미늄(5%) 등이며 최근에는 세계적인 매장량을 자랑하는 우라늄 광산의 개발에도 박차를 가하고 있다. 특히, 메카타라 지역은 과거 머치슨 금광 지대의 중심부였으나 금이 고갈되자 지금은 대단위 목장 지대의 중심지로 바뀌었다. 현재 이 지역의 노천 광산들은 대부분 폐광된 상태로 방치되어 있으며 광산들의 규모로 볼 때 과거 이 지역의 황금기를 가늠할 수 있다.

메카타라 태양열 발전소

이곳 메카타라는 정규 통신 학교(오지의 어린이들을 위한 방송 통신 교육)가 처음으로 생긴 곳이며, 중심가에는 호주 항공 의료 서비스와 이 지역의 광물 탐사지가 있다. 또 1982년에는 이곳에 남반구에 하나뿐인 태양열 발전소가 세워졌고, 태양열로 동력을 공급받는 호주 최초의 도시로 유명해졌다. '메카타라'라는 말은 '물이 부족한 곳' 또는 '물이 나쁜 곳'이라는 뜻의 원주민 어(語)에서 유래되었는데, 사막 끝에 있어 연평균 강우량이 200~250㎜에 불과하기 때문이다. 전쟁 중 미국인이 건설했던 2,181m에 이르는 활주로가 있다.

 쿠마리나 로드하우스(95번 도로) ▶ 메카타라(총 218㎞, 2.5시간)

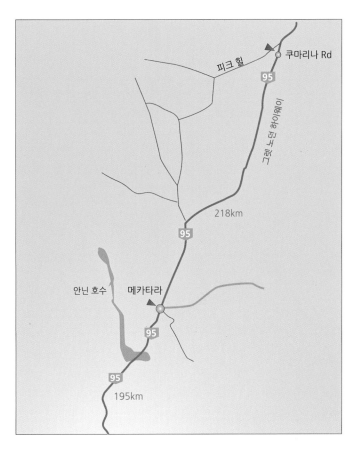

메카타라는 광산 이외에 특별한 볼거리는 없다. 작은 언덕 위에 메카타라 전체가 내려다 보이는 작은 전망대가 있다. 이곳에서 메카타라 시내를 조망하고 바로 아래에 있는 작은 광산도 볼 수 있다.

노천 광산은 그레이트 노던 하이웨이를 따라 메카타라로 들어온 후 경찰서를 지나 남쪽으로 약 1㎞를 더 가야 한다. 그러면 우측에 있는 큰 노천광을 볼 수 있으며, 다른 하나의 노천광은 쉘 로드하우스를 지나 남쪽으로 약 1㎞를 내려오면 좌측에 있다. 주유소는 총 두 개가 있는데, 시설이 좋은 캐러밴 파크 바로 앞에 하나가 있고, 이곳에서 1㎞ 더 가면 쉘 주유소가 있다.

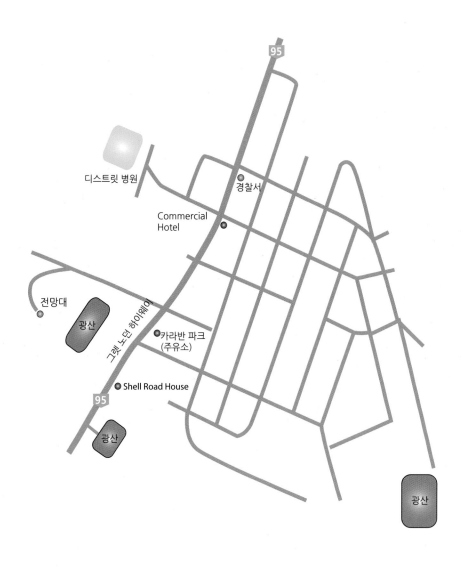

• 메카타라에는 주유할 곳이 캐러밴 파크와 쉘 로드하우스에 있으며 일반적으로 캐러밴 파크
의 이용 가격이 로드하우스보다는 비싸다. 캐러밴 파크에는 기본적으로 전원 장치, 샤워실,
세탁기가 설치된 세탁실, 음식을 조리할 수 있는 조리실을 갖추고 있으며, 예약은 08 9981
1253번으로 할 수 있다.

메카타라 전망대에서 내려다보이는 노천 광산

메카타라 전망대. 이 지역에서 가장 높은 50m 정도의 고지대에 위치하고 있다.

달월리누 *Dalwallinu*

인구 약 1,352명이 살고 있는 달월리누는 남위 30°
27′, 동경 116° 6′에 있다. 마을 이름은 '잠시 대기하는
장소' 또는 'goodlands'를 의미하는 원주민의 단어에서
비롯되었다.

● 달월리누(Dalwallinu)
◎ 퍼스

퍼스에서 그레이트 노던 하이웨이를 통해 248㎞ 거리
에 위치한 달월리누는 뮬레와의 북쪽으로 뻗은 길을 따
라가다 보면 처음 만나는 곳으로, 밀, 양, 야생화로 둘러
싸인 마을이다. 이곳은 전형적인 서호주의 곡창 지대인
'윗 벨트 *Wheat Belt*'의 중심 길이며, 서호주의 유명한 '아름
다운 야생화 길'의 일부가 된다. 7월부터 10월까지는 야
생화 시즌이어서 수천 명의 자연 애호가들이 이 길을 따라 여행한다.

달월리누 가는 길

📍 쿠마리나 로드하우스(95번 도로) ▶ 마운트 매그닛(195km, 2시간 이동) ▶ 우빈(297km, 3시간 이동)

▶ 달월리누(21km, 14분), 총 513km, 5.5시간 소요

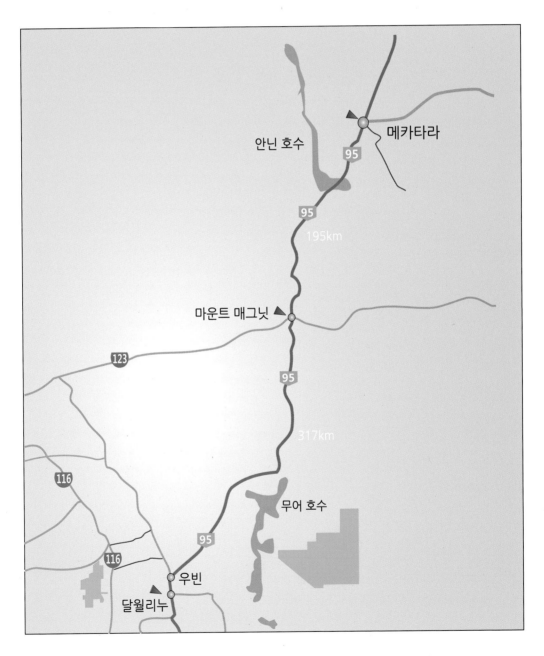

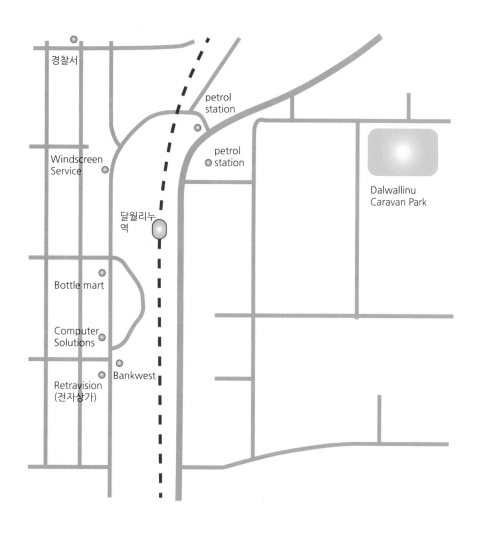

경찰서

petrol station

petrol station

Windscreen Service

Dalwallinu Caravan Park

달월리누 역

Bottle mart

Computer Solutions

Bankwest

Retravision (전자상가)

달월리누 관공서

달월리누 호텔

원간 힐스 *Wongan Hills*

원간 힐스 호텔

남위 30° 48′, 동경 116° 37′로 에이번 강의 북부에 위치해 있는 원간 힐스는 꼭대기가 편평한 언덕 지형으로, 서호주의 생물지리학적 지역인 에이번 강 밀 생산 지대 *The Avon Wheat Belt*가 줄지어 있다. 이 지역은 생물학적으로 매우 중대한데, 그 이유는 밀 생산지 북부에 가장 크게 남아 있는 유일한 천연 초목 지역이기 때문이다.

우리는 달월리누 캐러밴 파크가 비수기에는 주말에 운영하지 않아 남쪽으로 조금 더 달려 원간 힐스 캐러밴 파크에 자리를 잡았다. 이곳은 꽤 넓은 면적과 준수한 시설(바비큐장과 깨끗한 화장실과 샤워 시설, 세탁 시설)을 갖추고 있다.

원간 힐스의 야생화들

노샘 *Northam*

퍼스로부터 북동쪽으로 약 97㎞ 떨어진 에이번 강 유역 *Avon Valley*에 있는 작은 마을인 노샘 *Northam* 은 에이번 *Avon* 강과 몰트록 *Mortlock* 강의 합류점에 위치해 있다. 2011년 인구 조사에 따르면, 노샘은 6,580명의 주민이 살고 있으며, 에이번 강 지대에서 가장 큰 마을이고, 광산은 발견되지 않는다.

노샘의 거리 조형물

노샘은 열기구를 포함하여 와인 양조장, 카페와 레스토랑, 박물관, 호텔과 리조트로 많은 관광객을 모으고 있으며, 다양한 행사도 만나 볼 수 있다. 대표적으로는 4월 초에 열리는 역사적으로 유명한 카레이싱 행사인 노샘 플라잉 50's *The Northam Flying 50's*와 6월 초 주말에 노샘에서 출발하여 100㎞, 75㎞ 코스로 먼더링 위어 *Mundaring Weir*까지 달리는 켑 울트라 마라톤 *The Kep Ultra Running Race*, 그리고 9월 중순의 노샘 농업 박람회 *The Northam Agricultural Show* 등이 있다.

노샘의 예쁜 호텔

원간 힐스. Nikon D8000, 14mm, ISO200, F4, 30s × 208장

요크 *York*

호주의 서부 개척 시대를 알고 싶다면 대륙의 서쪽 방향에서 아웃백으로 들어가는 관문인 작은 마을 '요크'로 가 보자!

● 요크(York)
◎ 퍼스

퍼스에서 동쪽으로 96㎞ 떨어진 곳에 위치한 소도시지만, 유럽에서 온 이민자들이 1831년 내륙에 처음으로 세운 도시로 서호주에서 가장 오래된 도시로 유명하다.

서호주의 주도 퍼스에서 약 한 시간 정도 떨어져 있는 요크는 개척자들이 프리맨틀과 퍼스로 처음 건너온 지 2년 만에 이주해 정착한 도시로 인구 3,300명의 작은 도시지만, 황량하고 공허한 풍경 속에 신비한 매력과 아름다움을 제공하는 멋진 곳이다.

이곳은 서적이나 검색에서도 찾아보기 어려운 작은 도시지만, 서호주 내륙 지방에 유럽인들이 최초로 정착한 곳인 만큼 볼거리가 풍부하다. 특히 콜로니얼 풍의 빈티지 건축물들이 개척 당시 모습 그대로 보존되어 있는 그림 같은 도시에는 개척 시대 건물이 그대로 남아 있어 마치 영화의 세트장 같다.

요크 호텔

 개척자들이 영국 요크 지방의 이름을 따서 지은 이곳은 문화유산으로 지정되어 있어 건물 외관을 바꿀 수 없다. 그래서 도시가 참 고풍스럽다는 느낌을 받는다. 또한 수많은 예술 전시관과 갤러리와 공예품 상점, 유물 박물관이 즐비해 역사적인 느낌이 물씬 풍기는 곳이다.

 문화재로 지정된 건물의 외관에는 각 건물이 지어진 해를 뜻하는 숫자도 적혀 있다. 그중 1853년에 지어진 요크 호텔은 서호주 내륙에 세워진 최초의 호텔로, 내부에는 150년 전의 술집이 아직도 운영되고 있으며 스파, 수영장, 바비큐 파티장 등도 함께 즐길 수 있다.

 아주 조용하고 분위기 있는 거리지만, 매년 4월에 이곳 앞에서는 로큰롤 축제가 열린다. 또 6월에는 맛난 음식과 와인 축제가 열리며 10월에는 봄 정원 축제, 재즈 음악 축제 등이 개최되는 등 크고 작은 축제가 이어지니 관광객들에게는 정말 매력이 넘치는 도시이다.

요크의 중심 거리

이 도시의 상징인 타운 홀 *Town Hall*

요크가는길

달월리누 ▶ 레이트 노던 하이웨이(95번 고속도로, 16km 이동) ▶ 노샘 피타라 도로로 직진(115번 도로 분기, 59km 이동) ▶ 원간 힐스도착 ▶ 원간도로(115번 도로, 94km 이동) ▶ 노샘(Northam) 도착 ▶ 요크 도로(120번 도로, 57km 이동) ▶ 요크(York) 도착(총 204km, 2시간 20분)

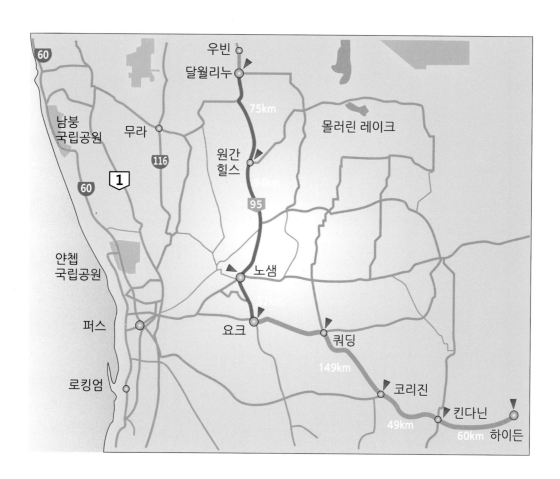

식사하기 좋은 장소

1. 줄 *Jules*

주메뉴는 케밥, 햄버거 등이고 이 마을에서 사람이 가장 많이 찾는 식당이다. 단, 주말에는 문을 닫는 경우가 많다.

2. 캐슬 호텔 *Castle Hotel*

호텔 별관 1층에 위치한다. 다양한 종류의 음식이 있으며 음식의 질도 괜찮다. 가격대도 적당하며 단체로 식사하기에 적당한 장소이다.

Nikon D7100, 8mm어안, ISO 1000, F3.5, 30s × 270장

하이든 웨이브 록

Wave Rock, Western Australia

하이든(Hyden)

퍼스

하이든 웨이브 록 *Wave Rock*

웨이브 록 *Wave Rock*은 작은 마을 하이든에 위치한다. 웨이브 록은 퍼스 남동쪽으로 345 km 떨어진 하이든 록 *Hyden Rock* 근처에 있다. 피너클스와 더불어 서호주의 대표적인 볼거리 가운데 하나로 꼽히는 것이 바로 웨이브 록이다. 그 이름처럼 웨이브 록은 부드러운 곡선을 그리며 마치 거대한 파도처럼 서 있는 듯한 인상을 주는 거대한 바윗덩어리이다. 피너클스가 수많은 기암괴석들로 탄성을 자아냈다면, 웨이브 록은 단 하나의 초대형 암석으로 마치 해일과도 같은 웅장함을 과시하기 때문에 방문객들을 감탄하게 만든다.

밀려오는 큰 파도가 일순간에 굳어버린 것 같은 형상에서 그 이름이 붙여진 웨이브 록은 높이 15m, 길이 110m 규모로 27억 년 전부터 몇 세기에 걸친 긴 시간 동안 표면 밑의 부드러운 바위가 점차 침식되면서 생성된 곳이다.

웨이브 록으로 가는 길은 서호주의 곡창 지대인 '윗 벨트 *Wheat Belt*'의 중심부를 통과하는 여정이다. 가도 가도 끝이 안 보이는 황량한 밀밭이 이어지고 어쩌다 아주 작은 시골 마을들만 눈에 뜨인다.

요크 ▶ 그레이트 서던 하이웨이*Great Southern Hwy* (120번 고속도로(S) → (60㎞ 이동) ▶ 브룩턴

*Brookton*에서 40번 도로(브룩턴–코리진 도로) 분기 ▶ (70㎞ 이동) ▶ 코리진 *Corrigin* ▶ (70㎞ 이동)

▶ 하이든 *Hyden* 도착(총 257㎞, 3시간 11분)

- 로컬 버스*TransWA* : 퍼스, 에스퍼런스 ↔ 하이든 구간에서 각각 4시간 40~50분이 소요

  되며 로드하우스*Roadhouse* 앞에서 승·하차한다. 하지만 웨이브 록까지 4㎞가 넘기 때문에

  버스 이용은 추천하지 않는다.
- 투어 : 퍼스에서 웨이브 록까지 직통으로 연결하는 값싸고 편리한 투어를 이용하자. 여러

  회사에서 앞다투어 상품들을 쏟아내고 있으니 고르는 재미가 있다. 외국인들도 합승하기

  때문에 영어를 쓰고 싶거나 친구로 사귀고 싶은 분들에게는 투어를 추천한다.

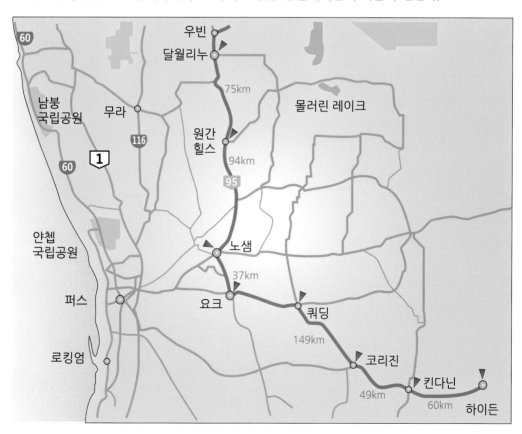

서호주의 곡창 지대 '윗 벨트 _Wheat Belt_'

웨이브 록으로 가는 길은 서호주의 곡창 지대인 '윗 벨트 _Wheat Belt_'의 중심부를 통과하는 여정이다. '윗 벨트'는 퍼스 북쪽에서부터 시작해 동쪽으로 골드 필드 _Gold Field_, 남쪽으로는 그레이트 사우던 _Great Southern_ 과 사우스 웨스트 _South West_ 를 접경한다. 전체 면적은 154,864㎢로 남한(99,337㎢)의 1.5배 크기이지만, 인구는 고작 7만 2천 명이다.

석양에 불타는 윗 벨트 *Wheat Belt*의 밀밭

2008~2009년 기준으로 농업이 지역 경제에서 차지하는 비중은 약 44%, 32억 달러(호주 달러, 한화 3조 7천억 원)에 달한다. 이중 곡물 재배가 2.5억 달러로 농업 생산의 80%를 차지하며 곡물 중 밀 생산이 1억 5천만 달러로 압도적이다.

연중 온화하고 풍부한 일조량이 농산물의 질과 양을 모두 충족시키는 요인으로 작용한다. 고개를 돌려도 끝없는 밀밭이 눈에 들어오는 이유이다.

토끼의 서진을 막기 위한 '만리장성'

이 지역을 지나다 보면 수십 킬로미터에 달하는 낮은 철책이 눈에 띈다. 가슴 아래의 낮은 높이다. 우리나라처럼 분단국가도 아니고, 철책의 경계에 보안 시설물도 보이지 않는다. 그렇다고 목축을 하기 위해 만든 울타리도 아닌 듯하다. 한참을 달리다가 사람 키 높이의 안내 간판을 보고 난 뒤에야 궁금증이 풀렸다. 허무하게
도 이것은 토끼의 침범을 막기 위해 설치하였다고 한다. 토끼가 얼마나 대단하기에 바늘구멍을 가래로 막았을까? 설명을 읽고 보니 충분히 납득이 갈 만하다.

토끼 10마리는 양 1마리 몫의 풀을 먹어 치우며 번식력도 대단하다. 생후 4개월이 지나면 임신이 가능하고 임신 기간노 30일로 비교적 짧다. 1년에 최대 여섯 번까지 번식이 가능해 한번에 6~8마리 정도의 새끼를 낳는데 산술적으로 1년이면 최대 36~48마리의 새끼를 생산한다. 호주에는 마땅한 천적도 없어 토끼의 숫자가 기하급수적으로 늘어날 수밖에 없다. 1850년대부터 호주 동쪽 지역인 빅토리아 주에서 무리 지어 다니는 수천 마리의 토끼가 가축의 먹이로 쓰이는 초지를 초토화시키기 시작했다. 뿐만 아니라 나무의 밑동을 갉아먹어 고사시키고 농작물을 마구잡이로 먹어 치워 농가의 피해가 이만저만이 아니었다.

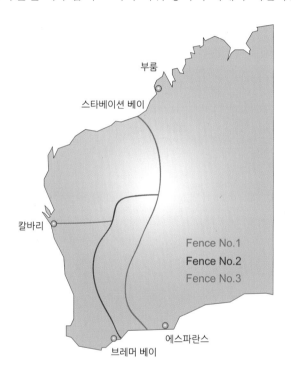

동쪽 지역에서 기하급수적으로 증가하는 토끼가 서쪽으로 이동하기 시작하자 서진하는 토끼를 저지하기 위해 1901년 첫 번째 울타리를 설치했다. 북쪽 해안의 스타베이션 베이 *Starvation Bay*에서부터 남쪽 해안의 에스퍼런스 *Esperance*까지 총 길이가 1,843㎞에 달한다. 이후 첫 번째 저지선을 뚫고 간 토끼 무리가 발견되면서 1905년에 길이 1,166㎞의 두 번째 울타리를 설치했다. 추가로 1908년 256㎞의 세 번째 울타리가 건설되면서 토끼의 서진 저지 작업이 완료되었다. 울타리의 총 길이가 무려 3,238.9㎞. 만리장성(2,700㎞)을 주눅 들게 하는 세계에서 가장 긴 장벽이 되었다.

웨이브 록 *Wave Rock*

웨이브 록 *Wave Rock*의 앞에 서면 집채보다 큰 파도가 밀려오는 듯 느끼기에 서핑보드를 타고 파도 속을 헤쳐 가야 할지, 아니면 전력을 다해 줄행랑을 쳐야 할지 절로 고민이 생긴다. 이렇게 파도 모양의 거대한 화강암 덩어리는 위압적인 모습으로 여행자들의 시선을 덮친다. 동 일본 대지진 발생 당시 후쿠시마

해안을 초토화시켰던 쓰나미의 최고 높이가 공교롭게도 15m로 '웨이브 록'과 같다.

웨이브 록 표면의 줄무늬는 파도 모양에 사실성과 입체감을 더한다. 붓으로 먹을 찍어 화선지에 선을 그은 듯해 수묵 담채화의 은은함마저 느껴진다. 줄무늬의 색깔은 이끼류와 해조류가 공생한 결과이다. 통상적으로 수분이 있는 곳에는 제일 먼저 이끼류가 자리를 잡고 그다음 해조류가 생식한다. 물이 흐른 자리를 따라 돋아난 이끼류는 검은색 줄무늬를, 해조는 오렌지색 줄무늬로 나타난다. 또한 이끼류가 붙어 있던 곳은 습기가 있을 때는 검은색으로, 말랐을 때는 회색으로 변해 바위에 색의 경계를 남겼다.

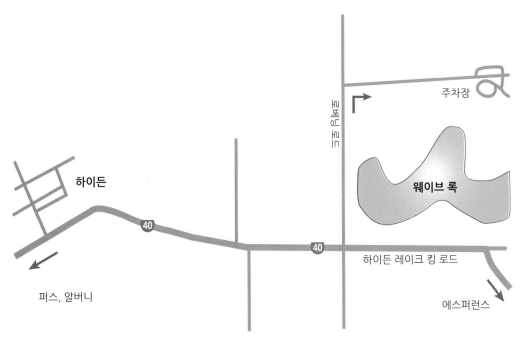

하이든 웨이브 록 주요 도로

    평지 위에는 구상 풍화[6]의 결과로 집채만 한 바위들이 쪼개져 나뒹굴고 있다. 그러나 이 바위들이 굴러서 사고가 발생할 위험은 없다. 그렇다면 왜 이렇게 끝없는 대평원 위에 갑자기 바윗덩어리가 솟아나 있는 걸까? 웨이브 록의 생성 비밀은 지금으로부터 27억 년 전으로 거슬러 올라간다. '웨이브 록'은 사실 3.6㎢ 크기의 '하이든 록*Hyden Rock*'의 일부분에 불과하다. 그럼에도 불구하고 남다른 주목을 받고 있는 이유는 그 특이한 모양 때문이다.

---

6) 구상 풍화 : 암석이 형성되는 과정에 수축과 함께 장력이 작용하면서 암석 내의 갈라진 틈인 절리가 만들어지고 육면체 모양으로 갈라진 화강암이 암석에 발달한 절리를 따라 풍화 작용을 받으면 세 개 혹은 두 개의 면이 인접하고 있는 꼭짓점과 모서리 부분은 물리적으로 취약해 풍화가 집중된다. 이로 인해 가운데는 둥근 암석만 남고 주변은 풍화 물질로 둘러싸여 둥근 모양의 바위가 생성되는데, 이것을 구상 풍화력*Spheroidal Weathered Boulder*이라 한다. 구상 풍화력의 대표적인 예로 설악산의 '흔들바위'가 있다.

'하이든 록' 주변에는 유난히 큰 구멍이 나있거나 움푹 팬 바위가 자주 눈에 띤다. 사람들은 이곳으로 고여 든 빗물을 식수로 사용하였다. 이 물이 있었기에 원주민들은 메마르고 척박한 자연환경에서 생존할 수 있었고, 이 땅의 승자로 남았다. 실제로 물이 증발되는 것을 막고 짐승들로부

터 식수를 보존하기 위해 넓적한 돌로 구멍의 입구를 막았던 흔적이 발견되기도 한다. 이뿐 아니라 원주민들은 깊게 파인 바위에 위장막 혹은 올무를 설치해 캥거루, 도마뱀, 비단뱀 등 야생 동물을 사냥하기도 했다.

이외에도 웨이브 록 인근에는 아기자기한 볼거리들이 있다. 낙타의 혹 *Humps*을 떠올리게 하는 바위와 하품하는 하마 *Hippo's Yawn*를 닮은 바위, 염습호 트레일 등은 유명한 볼거리이다.

웨이브 록 정상에 있는 구상 풍화를 받은 암석들

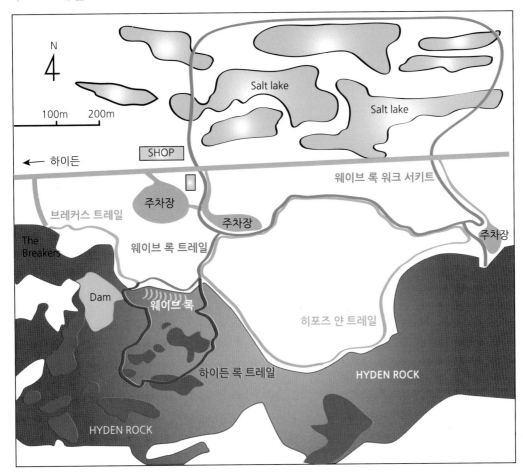

1. 웨이브 록 트레일

주차장에서 출발해 '웨이브 록'을 거쳐 서쪽의 '채석장'까지 편도 325m 거리. 웨이브 록의 핵심을 볼 수 있다.

2. 하이든 록 트레일

채석장에서 시작해 반시계 방향으로 돌아 '웨이브 록' 트레일을 만나 주차장까지 이어진다. 빠른 길은 860m, 조금 더 돌아가면 1,300m의 거리. 바위를 타야 하는 오르막과 내리막이 있어서 편한 신발과 모자를 준비해야 한다.

3. 브레커스 트레일 *Breakers Trail*

주차장을 출발해 '웨이브 록' 트레일을 거쳐야 하지만 시작점은 채석장이다. 서쪽으로 650m, 왕복 1,350m. 노면이 비교적 평탄해 걷기 쉽다. 길을 따라 걷다 보면 관광 안내판이 설치되어 있어 지역 사회의 역사와 주변 자생 식물에 대한 정보를 얻을 수 있다.

4. 히포즈 얀 트레일 *The Hippo's Yawn Trail*

동쪽 주차장에서 출발해 하마 모양의 바위인 '히포즈 얀'을 거쳐 반시계방향으로 돌아 출발지로 되돌아오는 1,710m 거리의 코스이다.

5. 웨이브 록 워크 서키트 *The Wave Rock Walk Circuit*

동쪽 주차장에서 출발해 반시계방향으로 '히포즈 얀', '웨이브 록'을 거쳐 북쪽 소금 호수*Salt Lake*를 지나 출발지로 되돌아오는 총 3,600m 거리의 코스로, 태양이 뜨거운 날에는 모자가 꼭 필요하다. 게다가 열사병에 걸릴 수 있다는 경고 문구가 곳곳에 설치되어 있다. 소금 호수는 이름 그대로 표면에서 염분이 검출되는데, 수백 킬로미터 떨어진 바다에서 모래바람과 함께 날아온 소금이 호수에 녹아들었기 때문이다. 건기에는 죽은 호수처럼 보이지만, 우기에는 저장한 빗물을 서쪽으로 프리맨틀 앞바다까지 흘려보낸다.

건기라 물이 말라붙은 소금 호수

하이든 록 위에서의 은하수. Nikon D800, 16mm어안, ISO 2500, F2.8, 30s

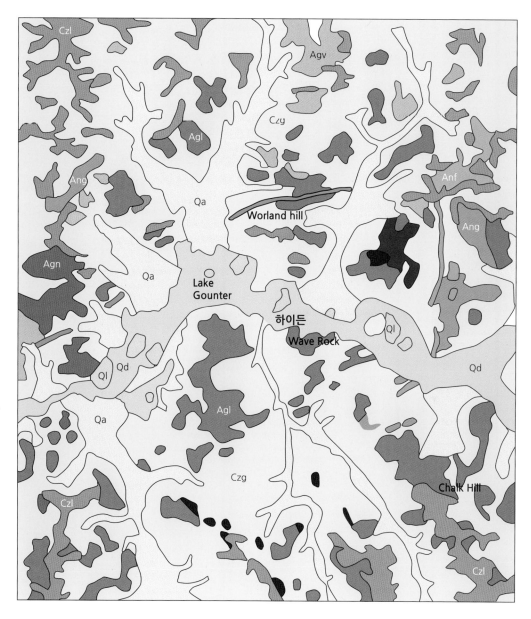

웨이브 록은 하이든 록의 일부로 26억 년 전의 시생대에 형성된 중립·조립질의 화강암이 변성된 화강 편마암이다. 주변은 최근에 퇴적된 신생대 4기의 호수와 바람에 의한 퇴적물이 쌓인 충적토로 이루어져 있다.

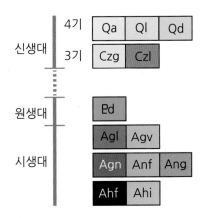

신생대	4기	Qa	충적토 – 하천과 포상홍수(布狀 洪水) 지역에서 실트, 모래 그리고 자갈이 쌓여 형성됨
		Ql	호수 퇴적물 – 플라야 호수에서 염분과 석고를 함유한 점토와 실트가 쌓여 형성됨
		Qd	풍성의 충적 퇴적물 – 실트와 모래, 부분적으로 석고를 함유하고 있고, 플라야 호수 시스템이 인접해 있음
	3기	Czg	여분의 샌드 플레인 – 부분적으로 풍부한 갈철석 자갈을 포함하는 황색과 백색의 모래, Czl에서 기원함
		Czl	라테라이트 – 깊게 풍화된 기반암을 덮고 있는 두리크러스트_Duricrust_(껍질)와 접착된 갈철석
원생대		ρd	조립현무암과 반려암 암맥
시생대		Agl	중립과 조립질의 반상 화강암과 아다멜라이트
		Agv	다양한 구조를 가짐. 연속적인 중립과 조립질의 화강암과 아다멜라이트, 부분적으로 반상 조직
		Agn	재결정된 조립~등립질의 연속적인 화강암과 아다멜라이트, 보통의 흑운모 슐리렌과 조직이 층을 이룬 것
		Anf	세립~중립질의 우백질 화강암 그라노펠스 _Granofels_, 적은 아다멜라이트 조성, 부분적으로 엽리가 남아 있음
		Ang	화강암에서 화강섬록암의 편암 줄무늬가 나타남, 그라노블라스 조직으로 재결정됨, 보통은 Anf에 의해 관입됨
		Ahf	휘석 사장석(각섬석) 그래뉼라이트(백립암), 고철질암에서 기원함.
		Ahi	석영–자소 휘석–가넷–자철석 그래뉼라이트, 호상 철광층 형성 과정에서 기원함

웨이브 록은 26억 년 전의 시생대에 형성된 화강암이 변성된 화강 편마암으로, 입자는 중립 이상의 입상질이며, 성분상으로는 칼륨장석이 다소 적은 아다멜라이트_{Adamellite}[7] 화강암 덩어리이다.

이 지형이 웨이브를 갖는 것은 암석의 표면이 어떤 원인에 의해 침식되었을 것이라고 추측할 수는 있으며, 대부분의 지질학자들도 바로 이점에 주목하고 있다. 그러나 물에 의해 침식되었다면 경사면이 물에 잠겨 물의 마찰로 인해 표면이 침식되어야 하지만, 이 지역은 지질학적으로 거대한 호수가 되었  거나 혹은 바다에 의해 침강된 증거가 없다. 더욱이 '하이든'은 가장 가까운 남쪽 해안에서 190㎞나 떨어져 있어 바다에 의한 직접적인 영향과는 거리가 멀다.

'풍화 작용_{Weathering}'이란 암석이 물리적 혹은 화학적인 작용으로 인해 부서져 토양이 되는 과정을 말한다. '화학적 풍화'는 물질의 분자, 원자나 이온의 구조가 바뀌어 다른 물질로 변하는 현상이다. 반면 '기계적 풍화'는 성분의 변동 없이 상태만을 변화시키는 작용을 지칭한다. 주정부도 공식적인 관광 안내문에 이와 동일한 근거를 바탕으로 생성 과정 전반에 대해 설명하고 있다.

7) 아다멜라이트_{Adamellite} : 화강암을 세분하여 보면 석영이 10% 이상 함유된 것을 넓은 뜻의 화강암이라고 하며, 모든 장석량(사장석, 정장석)에 대한 칼륨장석 $KAlSi_3O_8$, 비율이 ①3분의 2 이상인 것은 좁은 뜻의 화강암, ②3분의 2에서 3분의 1인 것은 아다멜라이트_{Adamellite}, ③3분의 1에서 8분의 1인 것은 화강 섬록암, ④8분의 1 이하인 것은 석영 섬록암 등으로 부른다.

호주의 지질 연구원인 C. R. Twidale 역시 저서《Origin of Wave Rock》에서 암석이 '풍화 작용'에 의해 현재의 모습이 되었을 것이라고 주장하고 있다.

그림의 짙은 회색 부분이 지면 아래의 암석으로, 수분이 가득한 토양과 맞닿은 암석의 표면은 점차적으로 풍화되어 침식 작용이 진행된다. 침식된 암석의 표면은 빗물에 침식되어 이동하여 화강암 표면은 완만한 곡선을 이룬다. 수분을 머금고 있는 토양은 화강암 표면을 점차적으로 풍화시켰고 약해진 암반 하부는 빗물에 쓸려 내려가거나 무너져 내렸다. 이러한 현상이 반복되면서 단단한 암석 상부는 그대로 남고 하부는 점차적으로 깎여 나가게 된 것이다.

수만 년 동안 이 같은 풍화 작용이 쉼 없이 이어진 결과 현재 모습이 되었다. 풍화·침식 작용은 아직도 진행되고 있다. '웨이브 록'은 수천 년이 지난 뒤에는 지금과는 또 다른 모습으로 변해 있을 것이다.

Nikon D800, 8mm어안, F3.5, ISO640, 30s 141장

ㅇ 캐러밴 파크에 숙박하면 입장료는 없으나 주차료가 부여된다. 주차권은 입구에 있는 매점이나 무인판매기에서 살 수 있다.

ㅇ 하이든에는 주유소가 두 군데 있는데 기름 가격은 퍼스보다 비싼 편이다. 또한 마을 중앙에 슈퍼 *IGA*가 있지만, 퍼스에 있는 대형마켓처럼 생각하면 안 된다. 외진 마을이므로 필요한 물건은 큰 도시에서 미리 준비해 와야 한다.

ㅇ 웨이브 록에서는 여름철인 경우 반드시 플라잉 넷을 준비해 와야 한다. 그렇지 않으면 사방에서 달려드는 파리 떼 때문에 고생하게 된다.

티켓 무인 판매기

Nikon D800E, 14~24N Lens 19mm, F2.8, ISO 1000, 25s

덴마크

Denmark, Western Australia

● 덴마크(Denmark)
◉ 퍼스

덴마크 *Denmark*

여행 기간 동안 가장 다채로운 활동을 즐길 수 있는 곳 중의 하나가 호주의 남서부 지역으로, 마거릿 강과 주변 지역은 세계적인 와인 생산지와 서핑 해안 그리고 가족끼리 즐기기에 이상적인 조용한 해안이 있어 인기 있는 관광지이다.

이 지역은 특히 겨울에 인기가 있어 호주 사람들도 많이 찾는 곳으로, 분위기 있는 장작불 해안을 따라 걷는 산책과 말을 타고 덤불 지대를 누비는 즐거움, 그리고 신선한 지역 농산물까지 만날 수 있다. 스쿠버 다이버들이라면 수면에서도 배의 잔해가 들여다보이는 스완 호 침몰 해역은 꼭 방문해 보아야 한다. 버셀턴과 해저 조망대에서는 화려한 바닷속 세계를 들여다볼 수 있다.

덴마크에서 알바니에 이르는 해안은 곳곳에 해안 동굴과 베이, 깎아지른 절벽 그리고 잔잔한 해변이 있다. 이 지역은 농장 체험 *Farm Stay*과 개척촌, 그리고 언덕과 계곡의 시원한 경치를 즐길 수 있는 트레킹에도 적합한 곳이다. 또한 거목들로 이루어진 숲은 곳곳에 자리잡은 개척촌마다 특색 있게 꾸며져 이 지역의 상징물이라고 할 수 있다. 봄에는 스털링 레인지 국립공원 *Stirling Range National Park*에서 야생화를 만날 수 있고 남쪽의 농장 지대 곳곳에 흩어져 있는 와인 양조장을 구경할 수 있다.

덴마크 가는 길

하이든 ▶ 킨다닌–하이든 도로(40번 도로, 15㎞ 이동) ▶ 칼거린 ▶ 칼거린 이스트 도로(9㎞ 이동)

▶ 핑거링 페데라 도로(55㎞ 이동) ▶ 그레이스 솔트 호수 ▶ 올버니 레이크 도로(135㎞ 이동) ▶

체스터 패스 도로(73㎞이동) ▶ 우제닐럽 도로(37㎞ 이동) ▶ 마운트 바커(102번 도로, 54.3㎞) ▶

덴마크 도착(총 304㎞, 4.5시간)

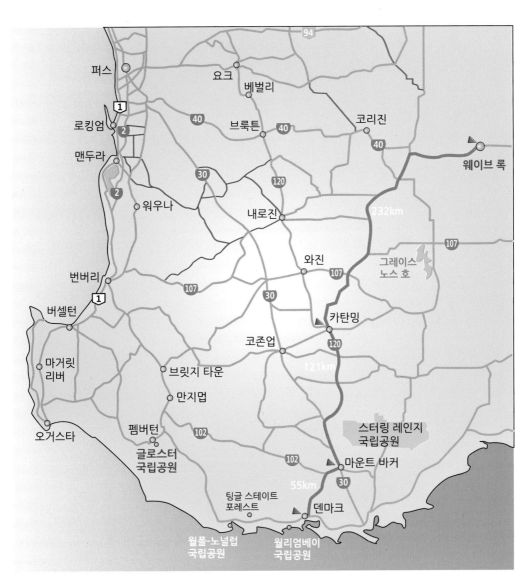

그레이스 노스 호수 *Grace North Lake*

그레이스 호수는 크게 노스 *North*와 사우스 *South*의 두 개의 커다란 호수로 이루어져 있으며 이 주변에 작은 수백 개의 호수 집합으로 이루어진 곳이다. 그리고 아래로 핑럽 호수, 치노 컵 호수가 이어진다.

우기 때에는 수량이 많아 호수를 이루지만 건기 때에는 물이 증발하여 대부분 하얀 소금 바닥을 보이는 호수이다.

 그레이트 노스 호수 찾아가는 길

하이든 ▶ 킨다닌-하이든 로드(40번 도로)로 15㎞ 정도 이동한다. ▶ 칼거린이라는 작은 도시에서 좌회전하여 칼거린 이스트 로드로 9㎞를 달린다. ▶ 우회전하여 핑거링 페데라 도로에 진입하여 23㎞를 달리면 핑거링이라는 작은 마을이 나온다. ▶ 계속 직진하여 32㎞를 달린다. ▶ 좌회전하여 쿨린 레이크 그레이스 로드에 진입하면 좌측에 SALT LAKE LOOKOUT 이라는 안내판과 함께 작은 쉼터가 나오고 그레이스 솔트 호수의 일부가 나타난다.

진입부 모습   좌측의 암석 모습

   하이든에서 덴마크까지 가는 길은 여러 가지이다. 하이든-킨다닌-카탄밍-크란브룩-마운트 바커를 거쳐 덴마크로 가는 길이 일반적이지만, 서호주의 길은 고속도로나 일반 지방도로나 폭도 비슷하고, 차량의 이동이 거의 없어 가장 가까운 길로 이동하기로 했다.

   지도에 이름도 나오지 않는 작은 도시를 지나자 커다란 호수를 만나게 된다.

   커먼웰스 도로를 나와 좌회전하자마자 처음 만나는 호수, 이곳은 그레이스 호수의 일부로 시작점에 위치한다. 이정표에 Salt Lake Lookout이라 쓰여 있는 곳에 하차하면 거대

하얀 소금으로 넓게 펼쳐진 호수 전경

한 소금 호수를 만날 수 있다. 진입부에서 들어서면 차를 주차할 수 있는 작은 공간과 함께 가장 좋은 뷰포인트라고 만들어진 작은 조형물을 볼 수 있다.

호수의 소금을 근접 촬영한 사진. 소금 결정면의 발달보다는 마치 녹았다 다시 얼은 눈표면 같다.

호수 주변부에는 흰색의 암석이 즐비하여 전체가 소금 성분이 아닐까 하고 추측해 보았지만 짜지 않았다. 그다음은 석회암이 아닐까 하여 염산 반응을 보았지만 반응이 없다. 정확치는 않지만, 아주 미세한 단세포 생물인 규조류의 유해가 호수 밑에 쌓여 생성된 다공질로 백색의 점토 모양이며 가볍고 흡수율이 커서, 규조토 성분의 물질로 추정해 볼 수 있다. 꽤나 넓은 면적의 호수가 물이 증발하여 하얀 설원 같은 느낌으로 하얀 대지를 이루고 있다. 건기에만 볼 수 있는 특이한 볼거리이다. 미국 서부의 데스밸리처럼 규모가 크거나, 소금 결정이 잘 발달되어 있지는 않지만, 나름 광활한 느낌과 흰색의 대지가 마음을 들뜨게 한다.

그린스 풀 *Green's Pool*

윌리엄 베이 국립공원 *William Bay National Park*

윌리엄 베이 국립공원은 서호주의 덴마크에서 꼭 방문해야 하는 매력적인 곳 중의 하나로 덴마크에서 18㎞, 약 20분 거리에 있다. 이곳에서 그린스 풀 *Green's Pool*과 엘리펀트 록 *Elephant Rock*을 보는 것은 황홀한 경험이다.

그린스 풀 *Green's Pool*

그린스 풀은 서호주의 10대 해변으로 뽑힌 거대한 천연 바다 수영장으로 해안에서 몇백 미터 떨어진 큰 화강암 바위의 벽이 서로 모여 해변의 전체 길이를 따라 장벽을 형성하여 생성된 곳이다. 이 풀에 태양이 비치면 맑은 물이 파란색과 녹색의 선명한 색조로 변한다. 바위 장벽 덕에 어떤 날씨 조건에도 상관없이, 심지어 대략 20m가 넘는 큰 파도에서도 그린스 풀의 물은 조용하고 고요하게 유지된다. 날씨가 좋은 날에는 투명한 바다가 내려다보이는 해변에서 산책을 하거나 고요하고 선명한 푸른빛의 베이에서 몸을 물에 담가 보아도 좋은 곳이다.

엘리펀트 만 *Elephant Cove*

엘리펀트 록 *Elephant Rock*

윌리엄 베이 국립공원에 도착하면 그린스 풀 주차장 아래에 엘리펀트 록 주차장이 있는데, 일단 경로를 따라 가벼운 산책을 하면 엘리펀트 록 표지판을 볼 수 있다. 코끼리 코브 해변으로부터 곶에 있는 해변의 서쪽 두 개의 거대한 바위 사이의 좁은 틈을 찾을 수 있다. 이 나무 계단을 따라가면 코끼리 모양의 암석을 볼 수 있는 멋진 전망과 함께 트레킹을 할 수 있다.

출처: 구글 지도

덴마크에서만 볼 수 있는 엘리펀트 록은 주위 바위들이 모두 코끼리를 닮았다고 해서 붙여진 이름으로, 코끼리 바위는 얕은 바다에 무리 지어 있는 코끼리 떼처럼 보인다. 코끼리 바위는 주로 화강암으로 이루어져 있으며 지각 변동에 의해 암석 사이에 방사상의 틈(절리)이 생기고 이곳을 중심으로 침식되어 둥그런 모양으로 풍화되었는데, 그 모양이 코끼리 형태를 갖게 된 것이다.

정면에 보이는 암석의 군락이 마치 코끼리 모습을 연상시킨다.

팅글 스테이트 포레스트 *Tingle State Forest*

　서호주 여행 코스 중 항상 베스트에 등장하는 명소인 트리 탑 워크. 여행서로 유명한《론리 플래닛》에도 서호주 파트에서 별표로 추천된 곳 중 하나이다.

　덴마크에서 월폴-노널럽 국립공원 *Walpole-Nornalup National Park* 으로 향하는 길 중간에 거목들 위로 걷는 '트리 탑 워크 *Valley of Giants Tree Top Walk*'를 놓치지 말자. 이곳은 지상 38m 높이에 산책로가 설치되어 있는데, 300년 이상 된 팅글 나무 *Tingle tree* (카리 나무) 숲이 사람들의 발길에 의해 훼손되는 것을 막기 위한 아이디어로 설치되었다.

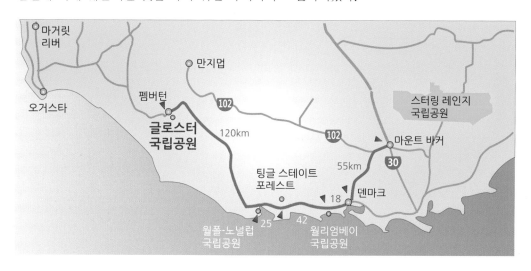

카리 *karri* 나무 숲

200㎢나 되는 넓은 거목의 숲 속에서 나무 위로 걷는 트리 탑 워크는 신나면서도 평화롭게 남부 지역의 신비로운 산림을 체험할 수 있는 방법으로, 나무들이 얼마나 큰지 실감할 수 있다. 아래로 판자 산책로에 내려서면 에인션트 엠파이어 워크를 따라 거대한 나무 밑동 사이로 지나갈 수 있다. 어떤 나무는 수령이 400년이 넘었으며 둥치 둘레만

매표소 입구

해도 15m에 이른다. 국립공원 안내원들이 주위에 있는 각종 꽃 이름과 숲의 진화에 대해 설명해 준다. 물론 별다른 설명이 없더라도 세계에서 손꼽히는 높이를 자랑하는 울창한 수목이 여행자들에게 자연의 경이로움과 평온을 선사한다.

밸리 오브 더 자이언츠 트리 탑 워크 *Valley of Giants Tree Top Walk*

퍼스에서 동남쪽으로 약 440㎞ 떨어진 월폴이라는 조그마한 타운 근처 자이언트 밸리에 있는 유명한 관광지이다. 이름 그대로 나무 위를 걷는 곳으로 직접 오기 전까지는 위험하고 두려울 것 같으나 실제 가서 보면 높은 나무 위에 놓인 가교가 튼튼하여 두려움 같은 것은 느낄 수 없다.

거대한 카리 나무 숲에 있는 '트리 탑 워크' 구름다리는 카리 나무 사이에 설치된 길이 900m, 폭 90㎝로 10층 건물 높이의 아찔한 철제 구름다리이다.

Valley of Giants Tree Top Walk

팅글 스테이트 포레스트는 카리 나무가 울창하며 키도 매우 커 보는 것만으로도 만족스럽지만, 철제 구름다리 위에서 보는 세계 역시 신세계이다. 또한 '트리 탑 워크'가 끝나고 나면 카리 나무 숲 사이로 걷는 일정이 기다리고 있다.

나무 아래 판자 산책로는 에인션트 엠파이어 워크 *The Ancient Empire Boardwalk*라고 하며, 팅글 트리 숲을 구경하는 450m의 산책로를 말한다. 이 또한 고공에서 보는 것과는 다른 재미와 감동을 준다. 거대한 나무가 쓰러져 드러난 뿌리에 기대어 사진을 찍어 보고, 기묘하게 할머니 모습을 닮은 나무 *Grandma Tingle*를 바라보며 얼굴을 연상해 보자. 거대한 카리 나무 사이로 난 길을 통과해 보고 카리 나무의 하늘을 찌를 듯한 기세를 느껴 보자. 햇살 사이로 연둣빛 따스함이 느껴지는 아름다움도 놓치지 말자.

Grandma Tingle

거대한 길이 난 카리 나무 밑동

Nikon D800, 14~24N Lens 14mm, F2.8, ISO 2000, 30s

제펨버턴

Pemberton, Western Australia

펨버턴(Pemberton)
퍼스

펨버턴 *Pemberton*

서호주 남서부의 펨버턴은 퍼스에서 남쪽으로 약 333㎞ 거리에 위치해 있으며 자동차로 4시간 정도 내륙으로 들어가면 나오는 휴양 도시이다.

인구는 약 900명 정도로, 도시 규모가 우리나라의 면 소재지보다 작아 대부분의 외부인들이 1~2박 정도만 하고 나갈 만큼 아주 조용한 마을이다. 그러나 도시 전체가 완만한 언덕과 거대한 나무들로 둘러싸여 있어 한때는 벌목 산업으로 유명했던 마을이기도 하다. 지금은 포도주 양조장과 산림 관광 산업으로 다시 부상하고 있다. 마을 한가운데로 철도가 놓여 있는데, 과거 벌목 후 나무를 운반하기 위해 쓰이던 것을 지금은 관광용으로 사용하고 있다.

덴마크에 이어 펨버턴의 나무들도 하나같이 크고 예쁘다. 펨버턴은 글로스터 국립공원 *Gloucester National Park*, 워렌 국립공원 *Warren National Park*, 비델럽 국립공원 *Beedelup National Park*으로 둘러싸여 있고, 이 공원들에는 키가 큰 나무들이 많기로 유명하다. 그중 가장 유명한 것이 글로스터 나무 *Gloucester Tree*와 데이브 에번스 200주년 나무 *Dave Evans Bicentennial Tree*이다.

덴마크 ▶ 사우스코스트 하이웨이(1번 도로, 17㎞ 이동) ▶ 윌리엄 베이 도착 ▶ 사우스코스트 하이웨이(1번도로, 29㎞ 이동) ▶ 레이트 도로 진입(2.7㎞ 이동) ▶ 팅글 스테이트 포레스트 도착 ▶ 레이트 도로(2.7㎞ 이동) ▶ 사우스웨스턴 하이웨이(1번 도로, 125㎞ 이동) ▶ 바스 하이웨이 진입(16㎞ 이동) ▶ 로빈슨 스트리트(1㎞ 이동) ▶ 글로스터 국립공원 도착 ▶ 로빈슨 스트리트(1㎞ 이동) ▶ 바스 하이웨이 진입(3.1㎞ 이동) ▶ 펨버턴 노스 클라프 도로(5.5㎞ 이동) ▶ 올드 바스 도로(3.1㎞ 이동), (총 205㎞, 3시간 소요)

219

글로스터 국립공원 *Gloucester National Park*

글로스터 나무 *Gloucester Tree*

　주로 1930년대와 1940년대 사이에 아주 큰 카리 나무의 꼭대기에 화재 감시소들이 만들어졌다. 빅 트리 *Big Tree* 라고 불린 첫 번째 카리 화재 감시 타워는 1938년에 만들어졌고 1952년까지 8개의 감시 타워가 만들어졌다. 3대 카리 나무 타워가 아직 남아 있고 일반인에게 공개되고 있는데, 그중 하나가 글로스터 나무이다.

　글로스터 나무는 글로스터 국립공원 내에 있고 펨버턴의 우체국에서 2㎞ 거리에 있다. 이 글로스터 나무는 약 250년가량 된 나무로, 1947년에 화재 감시소로 선정되었고 1937년에서 1952년 사이에 카리 숲에 만들어진 화재 감시망 중 하나이다. 이 나무의 이름은 화재 감시소가 만들어질 때 펨버턴을 방문한 호주 총독인 글로스터 공작의 이름을 따서 지어졌다. 높이는 72m로 세계에서 두 번째로 큰 화재 감시 나무이며, 나무의 상부에 있는 전망대까지는 나무에 박힌 153개의 말뚝을 밟고 올라간다. 한 번에 나무에 오를 수 있는 제한 인원은 9명이다. 방문객들은 61m 높이까지 올라가 카리 숲의 장관을 감상할 수 있다. 정상에서 내려다본 경치는 만화 영화 '이웃집 토토로'에서 토토로가 씨앗의 싹을 틔워 하늘 높이 나무를 자라게 하던 모습, 나무 위에서 주변을 내려다보던 모습과 자꾸 오버랩된다. 사츠키와 메이도 이런 느낌이었을까…

Tip

- 카리 나무는 세계에서 가장 키가 큰 목재 중 하나인 유칼립투스 마대오분자기 *Eucalyptus Diversicolor : Karri*라는 나무이다. 카리는 높이 70m까지 자라는 세계에서 가장 큰 나무 중 하나로, 서호주 남서부의 비가 많이 오는 지역에서만 자란다. 척박한 땅에서 자라기 때문에 숲에서 불이 난 후에야 꽃을 피운다. 숲이 타고 난 후 그 잔해로부터 영양분을 얻기 때문이다.

글로스터 나무는 중간에 쉬어 가는 곳과 상부의 전망대 두 곳이 있다.

- 호주의 야생 지역에서 주로 보이는 울창한 숲에 가면 호주에서 가장 키가 큰 활엽수가 하늘을 향해 곧장 솟아 있다. 이곳을 거닐면서 경험한 완벽한 고독감과 평온함은 잊을 수 없는 추억이 될 것이다. 3대 화재 감시 나무는 일반인에게도 공개되어 있어서 누구나 정상 오두막까지 올라가 볼 수 있다. 방문객들은 나무의 상부에 있는 전망대까지 올라가 카리 숲의 장관을 감상할 수 있다. 안전 요원이 따로 있는 것이 아니라 본인의 안전은 각자 챙겨야 한다.

다이아몬드 나무 *Diamond Tree*

펨버턴과 만지멉 사이에 위치한 다이아몬드 나무는 두 지역 모두로부터 사우스웨스트 하이웨이로 15분 거리에 있다. 52m 높이에 1939년에 만들어진 나무로 된 전망대가 있는데, 이것은 나무로 된 화재 감시 전망대 중 가장 오래된 것으로 오늘날까지 사용되고 있다. 전망대까지는 130개의 말뚝을 밟고 올라가야 한다.

Nikon D800, 14mm, ISO 500, F3.2, 30s × 210장

워렌 국립공원 *Warren National Park*

장대한 카리 나무 숲과 남서부 지역의 워렌 국립공원*Warren National Park*은 300년이 넘은 오래된 숲이다. 비옥한 야생 생태계를 그대로 간직하고 있는 이곳은 수많은 희귀 동식물의 서식처가 되고 있다. 이 워렌 국립공원에도 화재 감시용으로 유명한 카리 나무가 있는데 데이브 에번스 200주년 나무*Dave Evans Bicentennial Tree*라고 한다.

워렌국립공원 가는 길

로빈슨 스트리트에서 프렌치 스트리트 방면 북서쪽으로 출발한 후 좌회전하여 바스 하이웨이 *Vasse Hwy*에 진입하여 4㎞를 달린다. ▶ 그 후 좌회전하여 펨버턴 노스클리프 도로에 진입하여 5.2㎞ 달린 후 우회전하여 올드 바스 로드로 4㎞ 정도 달리면 워렌 국립공원의 에번스 나무 앞에 도착한다.

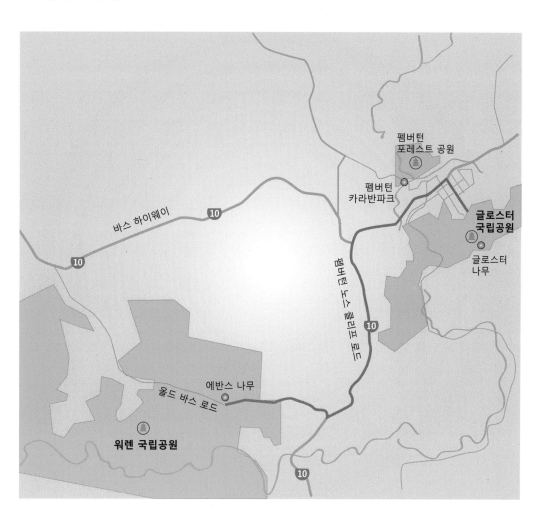

데이브 에번스 200년 나무 *Dave Evans Bicentennial Tree*

워렌 국립공원에 있는 데이브 에번스 200년 나무는 펨버턴에서 차로 15분 거리에 있다. 바스 하이웨이 *Vasse Highway*에서 올드 바스 로드로 접어들어 약 4km 정도는 비포장도로를 지나야 한다. 이 나무의 경비소는 호주 200주년 기념행사의 일환으로 1988년 말뚝을 박았다. 지상에서 75m 높이의 전망대는 카리 숲에서 가장 높은 360° 경관을 선사한다. 글로스터 나무와 달리 시야를 막는 나무가 없기 때문이다. 사방이 탁 트인 지평선을 보는 것은 가히 장관이라 할 수 있다. 전망대까지는 165개의 말뚝을 밟고 올라가야 하며, 전망대의 맨 윗부분은 철제 구조물로 이루어져 있다.

1. 나무를 오르기 위해서는 펨버턴 비지터 센터에서 허가증을 구매해야 한다.

2. 카리 나무는 약 350년 정도 살지만 더 오래 산 나무도 있다. 대부분 수령이 150년에서 200년 정도 되었다. 75년 정도 되면 최고 높이까지 자란다. 3대 화재 감시 나무는 약 250년 정도 되었다.

3. 자이언트 계곡 근처의 붉은 팅글 나무 *Red Tingle Tree*는 차가 통과할 정도로 컸다. 그러나 차들과 수백 명의 발걸음으로 인해 얇고 부서지기 쉬운 이 나무의 뿌리가 손상되어 1990년에 쓰러졌다. 이 나무의 죽음으로 인해 나무에게 입히는 피해는 최소화하면서 팅글 숲을 즐길 수 있도록 나무 위로 걷기 *Tree Top Walk*가 탄생하게 되었다.

4. 글로스터 나무는 원래 나무 말뚝을 박았다. 그러나 현재는 모든 나무의 말뚝을 금속으로 교체했고 주기적으로 균열 여부를 확인한다.

5. 나무를 오르다 죽은 사람은 없으나 나무를 오른 후 심장마비를 겪은 사람은 두 명 있다.

6. 나무에 올라갔다가 긴장해서 얼어버리는 사람들은 여러분이 말로 설득해서 내려오게 할 수 있다. 가끔은 도움을 받아 내려오는 사람들도 있다.

Tip

1. 펨버턴은 주유소가 한두 곳뿐이고 기름 값이 퍼스보다 비싸다.

2. 펨버턴 국립공원 입장료

   펨버턴은 글로스터 *Gloucester*, 워렌 *Warren*, 비델럽 *Beedelup*의 세 개 국립공원으로 둘러싸여 있다. 국립공원에 입장하려면 패스가 있어야 한다.

   패스는 차량당 하나씩 필요하고 조건에 따라 패스의 종류가 다르다.

   - 입장 료(모든 국립공원 동일) : 캠핑할 경우 요금 별도
   - 일일 패스 $12 (차량당 하나, 12명까지)
   - 일일 패스(할인) $6 (호주 팬션 이용자의 경우)
   - 연간 패스 $80
   - 연간 패스(할인) $50
   - 4주 홀리데이 패스 $44

Nikon D800; 24mm; ISO 1600; F2.8; 30s

Nikon D800, 8mm어안, F3.5, ISO3200, 45s

마거릿 리버

Margaret River, Western Australia

◉ 마거릿 리버
◉ 퍼스

마거릿 리버 *Margaret River*

　서호주의 주도인 퍼스에서 남쪽으로 약 320㎞ 떨어진 최남단에 위치한 지역으로, 토양은 석회석에 진한 점토가 섞여 있다. 스완 계곡 *Swan Valley* 은 매우 뜨거운 곳인데 반해 이곳은 비교적 서늘한 편이며 비는 겨울에만 내린다.

　마거릿 리버와 그 주변의 고급 와인 산지는 여러 가지 열정을 채울 수 있는 장소로, 이 지역에는 100여 곳의 와이너리가 있다. 풍부한 맛의 와인에서부터 향긋한 올리브 오일, 고급 치즈와 직접 만든 맛있는 초콜릿에 이르기까지 마거릿 리버는 미식가들의 천국이다. 와이너리마다 분위기 좋은 레스토랑을 함께 운영하며 숍에서는 다양한 식재료와 주방용품, 와인 액세서리 등을 판매하고 있어 둘러보는 재미가 쏠쏠하다. 이 외에 신선한 올리브 향이 가득한 올리브 농장 등도 유명하다. 와이너리에서는 시음 프로그램과 투어 프로그램을 운영하고 있어 시음하고 와인을 구매하는 것도 가능하며, 호주 달러로 $30 내외면 좋은 와인을 구매할 수 있다.

　또한 이곳은 경이로운 자연이 펼쳐진 곳이기도 하다. 태고의 신비를 간직한 석회암 동굴과 서퍼들을 유혹하는 거대한 파도는 마거릿 리버를 대표하는 두 가지 특징이라 할 수 있다.

　가이드와 함께 호수 동굴을 탐사하며 자연이 만든 아름다운 조각품을 감상하고 동굴의 생성과 관련된 지질학적 상식, 동굴 내부의 생태학적 평형에 대한 지식도 얻을 수 있다.

마거릿 리버를 대표하는 거대한 파도

　마거릿 리버는 바람이 선선하게 부는 아름다운 곳이지만, 강줄기가 인도양과 만나는 바닷가는 파도가 거세기로 유명하여 서퍼들이 많이 찾는다. 영화 '폭풍 속으로'에서 패트릭 스웨이지가 동경하던 그 바다가 이곳이다. 해안을 따라 30여 곳의 서핑 지역이 줄지어 있고 세계적인 서핑 대회가 열리는 곳이기도 하다.

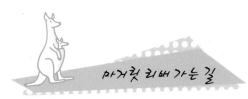

펨버턴 캐러밴 파크 ▶ 바스 하이웨이(10번 도로, 39km 이동) ▶ 스튜어트 도로(28km 이동) ▶ 브로크먼 하이웨이(42km 이동) ▶ 카리데일 *Karridale* ▶ 부스비 로드(2.5km 이동) ▶ 케이브즈 로드(250번 도로, 17km 이동) ▶ 레이크 케이브 도착 ▶ 케이브즈 도로(9km 이동) ▶ 부드지덥 도로(7.5km 이동) ▶ 마거릿 리버 도착(총 147km, 2시간 20분 소요)

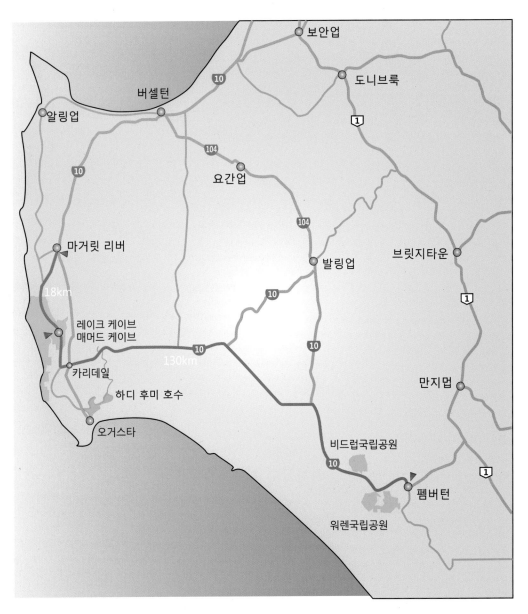

호수 동굴 *Lake Cave*

　호수 동굴은 마거릿 리버에서 케이브즈 로드를 따라 차로 20분 거리에 있다. 이 동굴은 서호주에서 가장 활동적이고 아름다운 석회암 동굴로 동굴 내부의 호수는 놀랍도록 깨끗하고 고요하다. 이 호수가 주변의 경치를 정교하게 반사하여 마치 거울에 비친 듯한 황홀한 세계를 보여 준다. 호수의 물은 지하 샘에서 공급받고 있는데 매우 천천히 흐르고 있으며 그 양이 점점 줄고 있다.

　동굴 내부에는 일명 '매달린 탁자'라는 석회암 기둥이 있는데, 무게가 5톤이나 나가며 세계 유일의 형태를 가지고 있다. 석회 동굴의 천정에서 발달한 '종유석'과 동굴 바닥에서 발달한 '석순'이 만나면 '석주'라는 석회암 기둥이 만들어진다. '매달린 탁자'의 두 기둥도 이같은 과정을 통해 만들어졌는데 일반적인 석주와 다른 점은 원래는 동굴 바닥이었던 탁자 부분(석순)이 호수의 물이 줄어들면서 지금은 공중에 떠 있는 모습이 되었다는 것이다. 동굴 천정 곳곳에서는 석주의 초기 형태인 빨대 모양의 얇고 섬세한 기둥들이 빽빽하게 모여 있는 모습을 볼 수 있다.

매표소 내부 전시관

호수 동굴 내부에 형성된 석회암들은 대부분 희고 깨끗하나 동굴 안쪽에는 약간 붉은색을 띠는 것도 있다. 이것은 동굴로 스며든 지하수에 철분 성분이 섞여있을 때 산화되어 나타나는 색깔이다. 보석 동굴 *Jewel Cave*의 경우 분홍색, 노란색, 주홍색 등 다양한 색깔의 석회암으로 이루어져 있다.

호수 동굴은 돌리네를 통해 들어가는데, 약 62m 깊이까지 내려간다. 이는 호주 남서부에서 일반에게 공개된 동굴 중 가장 깊은 곳이다. 입장 시간이 정해져 있고 가이드와 함께하는 투어만 가능하다.

Tip

투어 시간 : 09:30~15:30까지 1시간 단위로 이루어진다.
· 휴일에는 투어 시간이 더 자주 있다.
· 한 번에 입장 가능한 인원을 25명으로 제한하므로 단체의 경우 미리 예약하지 않으면 오랫동안 기다릴 수 있다.
· 입장권 : 동굴 입구 매표소에서 구매 가능
· 입장료 : 어른 : $22 / 어린이 : $10 / 가족(어른 2 + 어린이 2) : $48 (어린이 추가 $6.5) / 단체는 10% 할인 가능

르윈-내추럴리스트 *Leeuwin-Naturaliste* 마루 *Ridge* 에 있는 독특한 석회암 동굴들은 과거의 기후 변화에 특별한 시각을 제공한다. 이 동굴들은 매우 젊은(백만 년이 갓 넘은) 석회암 지대에 자리 잡고 있다. 이 동굴들은 약 1, 2백만 년 전 빙하기와 그 이후의 간빙기 동안 생성되었다. 빙하기는 춥고 건조하여 해수면이 지금보다 훨씬 낮았다. 빙하기 동안 해저의 모래는 수면으로 노출되었고 바람에 의해 육지로 이동되어 사구를 형성하였다. 이후 간빙기에 기온이 높고 습해지자 강수에 의해 사구가 석회암으로 변하게 되었다.

동굴 내부 결정 성장 또한 물의 영향을 받는다. 수천 년 이상 광물의 용해, 퇴적 과정을

통해 결정이 성장하기 때문이다. 지질학적 시간 스케일로 볼 때 르윈-내추럴리스트 마루는
젊다. 이는 이 동굴들이 지금도 기후 변화를 기록하는 과정에 있다는 의미이다. 이 동굴들
은 기후 변화의 증거를 간직한 진정한 타임캡슐이다.

마거릿 리버에는 좋은 와이너리가 많은데 유기농 와인을 만드는 곳도 꽤 된다. 마거릿 리버 지역에서 생산된 와인은 호주 전체의 5%에 불과하지만 프리미엄 와인의 30%나 된다. 이외에도 마거릿 리버 와인 지역 곳곳에서 군침이 도는 신선한 음식과 현지 예술품 및 공예품을 만날 수 있다.

Tip

• 엠벌리 에스테이트 *Amberley Estate*
엠벌리 에스테이트는 가볍고 부드러운 화이트 와인에서 풍부한 감칠맛의 레드 와인에 이르기까지 우수한 품질과 합리적인 가격의 와인으로 유명하며 마거릿 리버에서 최고로 손꼽히는 레스토랑이 있다.

재너두 *Xanadu*

마거릿 강 유역의 여러 와인 농장 중 특별석에 자리 잡고 있는 재너두는 유명한 와인 저장고를 자랑한다. 거대한 마리 나무숲에 둘러싸여 있는 그림 같은 곳으로 골드 플레이트 *Gold Plate* 수상 경력이 있는 레스토랑이 있

으며, 최고급 와인을 즐기며 포도원을 바라볼 수 있다.

르윈 에스테이트

마거릿 리버를 대표하는 와인 브랜드 중 하나로 세계 100대 와인에 선정될 만큼 품질이 우수하다. 매년 2월 유명 음악가나 가수 등을 초청해 와인 콘서트를 여는 등의 행사로 더욱 유명해졌다. 레스토랑 한쪽 벽면을 차지한 가수들의 사진을 통해 엘튼 존, 플라시도 도밍고 등이 이 무대에 올랐음을 알 수 있다. 콘서트 무대

는 레스토랑 앞의 넓고 푸른 잔디 광장에 마련되어 있다. 우리가 방문했을 때는 호주의 날(1월 26일) 기념 콘서트가 준비 중이었는데 일정상 관람할 수 없는 것이 아쉬웠다. 이곳에서 생산되는 리슬링의 라벨은 존 올젠 *John Olsen*의 그림이 사용되었는데 서호주의 청정 자연을 상징하는 개구리가 청포도의 이미지와 잘 어우러져 보는 이로 하여금 재미있는 연결이라는 생각을 하게 만든다. 고급스러운 와인과 함께 즐기는 요리도 맛있다. 전체 요리는 $20~30 수준, 메인 요리는 $40~50 수준이다. 1인당 요리 하나를 반드시 주문해야 하는 것은 아니어서 친구들과 나누어 먹을 수도 있다. 무엇보다 요리 이름과 포도주에 낯선 우리들에게 직접 요리 재료를 주방에서 들고 나와 보여 주며 설명해 주던 직원들의 친절함이 오래도록 기억에 남는다.

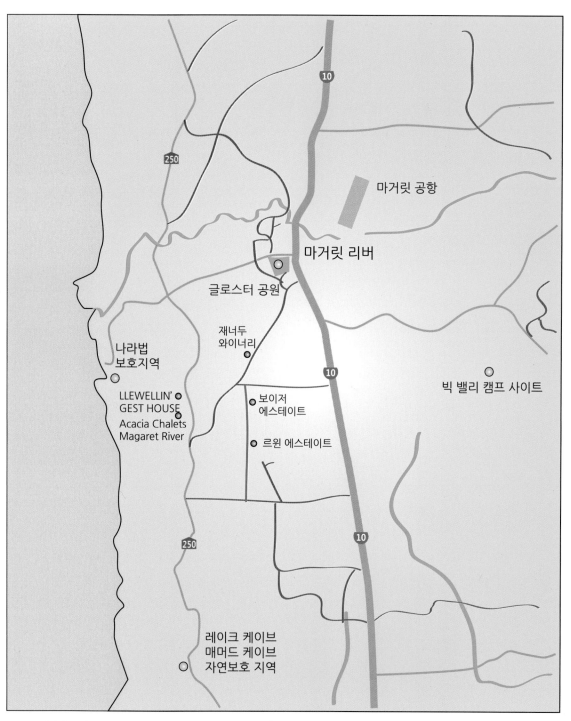

마거릿 공항

마거릿 리버

글로스터 공원

재너두
와이너리

나라법
보호지역

LLEWELLIN'
GEST HOUSE
Acacia Chalets
Magaret River

보이저
에스테이트

르윈 에스테이트

빅 밸리 캠프 사이트

레이크 케이브
매머드 케이브
자연보호 지역

마거릿 주변(호수 동굴, 르윈 에스테이트)

버셀턴 제티 *Busselton Jetty*

퍼스에서 남쪽으로 약 220㎞ 떨어져 있는 버셀턴은 인구 약 2만 명 정도의 작은 도시이다. 서호주에서 세 번이나 최고 관광지로 뽑힐 정도로 아름다운 경관을 자랑한다. 에메랄드빛 바다를 배경으로 약 2㎞나 이어진 부두와 부두 끝에서 바다로 이어진 해저 전망대*Underwater Observatory*는 서호주의 명물 중의 명물이다. 일본 애니메이션 '센과 치히로의 행방불명' 중 한 장면의 배경이 되면서 그 명성이 더 높아졌다고 한다.

● 버셀턴(Busselton)
○ 퍼스

버셀턴 제티는 총 길이 2㎞로 남반구에서는 가장 긴 부두이다. 1865년에 161m로 건설하기 시작하여 1875년에 131m를 추가로 확장하였다. 이후 약 90년 동안 지속적으로 확장해서 지금 크기의 부두를 만들었다. 즉, 이 부두는 약 140년 이상의 긴 역사를 가지고 있는 것이다. 제티의 중간쯤부터는 한쪽에 안전 바가 없고 제티 가운데에는 철로가 놓여 있는데, 1970년까지도 사업 목적으로 이용되었다고 한다.

버셀턴 가는 길

마거릿 강 ▶ 스튜어트 로드(Stewart Rd) ▶ 브로크먼 하이웨이(Brockman Hwy) ▶ 버셀 하이
웨이(10번 도로. 48km) ▶ 버셀턴 제티(총 48km, 37분)

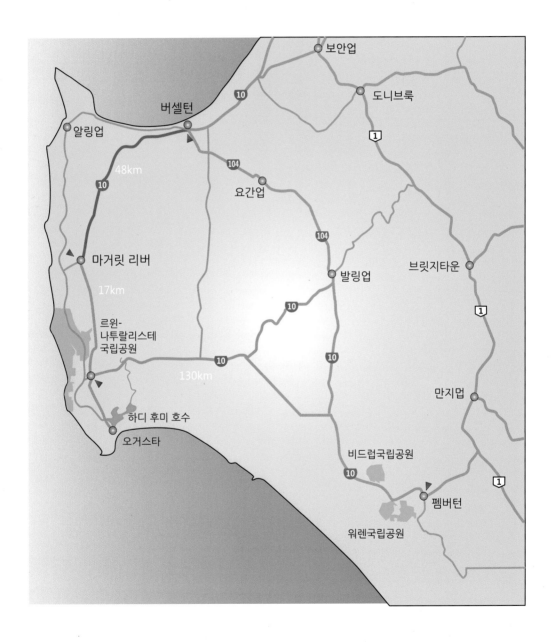

　서호주에서 가장 아름다운 경관으로 꼽히는 2㎞ 길이의 목재 부두인 버셀턴 제티. 이 부두는 호주가 영국 식민지이던 시절에 영국에서 온 배가 지오그래프 베이 *Geographe Bay* 의 수심이 너무 낮아 해안 가까이 배를 정박하기 힘들어 약 2㎞에 달하는 수상 레일을 설치하여 물자 수송을 기차로 하기 위해 건설하였다고 한다. 매년 12월에 철인 3종 경기가 개최되는 버셀턴 제티는 이후 보강 재단장 공사를 끝내고 2011년 2월 다시 일반에게 공개되어 부두 위를 오가던 소형 기차가 복원돼 관광객에게 특별한 경험을 선사하게 되었다.

버셀턴은 서호주에서 가장 포토제닉한 해변으로 꼽힌다. 코발트빛 바다를 배경으로 한 부두Jetty와 4개의 파란색 건물은 날씨와 시간에 따라 각각 다른 모습을 발한다. 어느 편에 서서 사진을 찍든 버셀턴 제티는 그야말로 그림이다. 해변에서 뒤로 떨어져 편의점 앞에서 보았을 때도 파란 하늘과 한 그루의 나무, 지나가는 사람, 자전거들과 어울려 그림이 된다. 제티 위에 올라서 본 해변도 독특하다.

또한 버셀턴 제티는 낚시, 수영, 다이빙 등으로 잘 알려진 명소로 부두의 끝에는 다양한 어류와 산호를 관찰할 수 있는 해저 전망대가 있다. 2㎞나 이어진 부두와 부두 끝에서 바다로 이어진 해저 전망대Underwater Observatory는 서호주의 명물 중의 명물이다.

제티 끝에서 해저로 내려가는 계단이 있고 유리를 통해 바닷속으로 내려가면서 이색적인 풍경을 감상할 수 있다.

버셀턴 제티를 즐기는 방법

1) Jetty Day Pass

　　입장료를 내고 들어가 자유롭게 걷거나 다이빙, 수영 등을 즐긴다.

　　　① 개방 시간 – 9월~4월 : 08:30~18:00

　　　　　　　　　– 5월~8월 : 09:00~17:00

　　　② 입장료 – 성인(만 17세 이상) : $2.5,　어린이 : 무료

2) Jetty Train Ride

　　기차를 타고 부두 끝까지 갈 수 있고 다시 해변으로 돌아올 수도 있다.

　　　① 편도 운임 – 성인(만 17세 이상) : $11,　어린이 : $6

　　　② 운영 시간 – 9월~4월 : 09:00~16:00 매시 정각

　　　　　　　　　– 5월~8월 : 10:00~15:00 매시 정각

　　　　　　*1회 50명 탑승 가능

3) Underwater Observatory

　　버셀턴 제티의 끝에 위치한 해저 전망대이다. 해저 수심 8m 깊이에서 바닷속의 모습과 300
여 종의 바다 생물의 모습을 관찰할 수 있다.

　　　① 입장료 – 성인(만 17세 이상) $29.5 / 어린이 $14

　　　② 운영 시간 – 9월~4월 : 09:00~16:00 매시 정각

　　　　　　　　　– 5월~8월 : 10:00~15:00 매시 정각

　　　　　　*1회 42명 입장 가능

퍼스 남서부

Perth Southwest, Western Australia

◉ 클리프턴 호수
◎ 퍼스

클리프턴 호수 *Clifton Lake*

　퍼스에서 남쪽으로 약 100㎞ 떨어져 있는 클리프턴 호수는 얄고럽 국립공원 *Yalgorup National Park*에 있는 스롬볼라이트 *Thrombolite*가 유명한 호수이다. 버셀턴에서 서부 해안 도로 인 10번 도로를 따라 1시간 정도 달리면 번버리라는 작은 소도시가 나오고, 번버리를 지나 약 1시간 정도 더 달리면 얄고럽 국립공원이 나온다.

　원주민 말로 '습지나 호수가 있는 곳'이라는 뜻의 얄고럽 국립공원은 숲과 호수, 해안의 모래 언덕이 어우러져 아름다운 경치를 이룬다. 공원 안에 10개의 호수가 있는데 호수 주 변에서 부시 워킹을 즐길 수 있다. 또한, 흑조·앵무새·물총새·검둥오리 등 40여 종의 물 새가 있어 조류를 관찰하기도 좋다.

　이곳에는 프레스턴, 뉴햄, 헤이워드, 얄고럽, 마틴스 탱크 호수 등이 있지만, 클리프턴 호수가 가장 유명한데 그 이유는 지구상에 산소를 공급한 미세 조류에 의한 퇴적 구조인 스롬볼라이트가 자생하고 있기 때문이다.

클리프턴 호수 가는 길

버셀턴 ▶ 버셀턴 Hwy(48㎞) ▶ 번버리 바이패스 진입(1번 도로, 5.1㎞) ▶ 내셔널 루트1(1번 도로, 57㎞) ▶ 분기점 : 내셔날 루트1 계속 직진(1번 도로, 17㎞) ▶ 마운트 존 로드 진입(2.3㎞) ▶ 클리프턴 호수 도착(총 130㎞, 1시간 30분 소요)

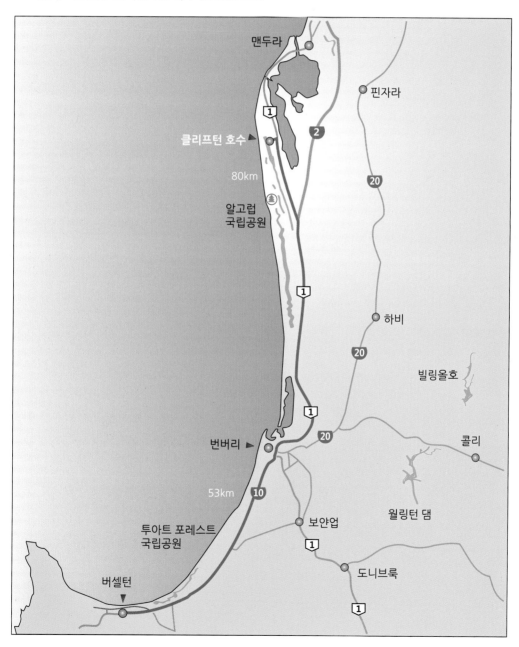

클리프턴 호수로 가려면 번버리를 지나 1번 도로인 올드 코스트 로드를 따라 달려야 한다. 뉴햄 호수를 지나고 교차 지점이 나오면 2번 도로인 포레스트 하이웨이로 빠지지 않고 계속 달린다. 이후 17㎞ 정도를 달리다 마운트 존 로드*Mount John Rd*로 진입하여 2.3㎞ 정도 달리면 도착한다.

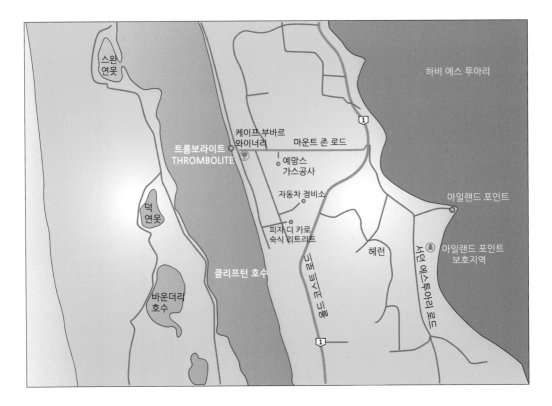

얄고럽 국립공원은 클리프턴 호수에서 스롬볼라이트*Thrombolite*가 자생하고 있는 곳이다. 이곳은 외진 곳이라 정보가 부족하면 찾아가기 어려운 곳이지만, 지구 탄생의 결정적 역할을 한 스트로마톨라이트와 밀접한 관계가 있는 스롬볼라이트를 관찰하기 위해 꼭 가 보아야 할 곳이다.

이곳은 샤크 베이와 마찬가지로 호수 안까지 긴 목책을 이용하여 관람로를 만들어 그 위에서 관찰할 수 있도록 되어 있다.

우기와 건기에 따라 호수의 수면의 높이가 달라지므로 탐방 시기에 따라 스롬볼라이트는 수면 위로 노출되거나 잠긴 모습으로 관찰되기도 한다.

　지구 생명체의 살아 있는 역사로 불리는 미생물 화석인 스트로마톨라이트는 35억 년의 역사를 갖고 있지만, 약 10억 년 전 다양성과 수가 급격히 감소했는데 연구 결과 유공충의 활동과 관계가 있으며 이곳에서 발견되는 스롬볼라이트와 유사성이 매우 크다.

　2013년 5월 미국 우즈홀 해양 연구소 *1101* 등의 과학자들은 오늘날에도 해양 퇴적물 속에 풍부하게 존재하는 원생생물 유공충이 스트로마톨라이트와 스롬볼라이트의 급감 원인일 것으로 짐작했다. 그리고 바하마의 하이본 암초에서 이 두 구조 표본을 채취해 실험실에서 첨단 기법으로 분석해 그 안에 살고 있는 유공충들을 발견했다.

　스롬볼라이트 안에는 더 다양한 유공충이 살고 있었으며 특히 유기물을 분비해 몸 주위에 주머니를 형성하는 유공충들이 많았다. 이런 포자낭을 가진 유공충이 '스트로마톨라이트의 퇴조-스롬볼라이트의 등장'과 같은 시기에 진화한 최초의 유공충일 것으로 추정했다. 이들은 10억 년 전 환경을 재현한 실험 조건을 만들어 하이본 암초에서 채취한 현대의 스트로마톨라이트에 현대의 스롬볼라이트에서 발견된 유공충을 뿌려 놓고 결과를 기다렸다. 6개월이 지나자 스트로마톨라이트의 특징인 얇은 겹겹 층이 바뀌어 스롬볼라이트처럼 뒤죽박죽 덩어리가 되는 것으로 나타났다.

　과학자들은 유공충의 활동이 층상 성장 구조를 갖는 스트로마톨라이트의 조직에 변화를 가져와 이들을 사라지게 하고 괴상의 스롬볼라이트의 등장을 가져왔을 것이라고 결론을 내렸다.

• 이곳은 샤크 베이와 같이 직접 만져 보는 것을 통제하거나 벌금이 없어 해안가로 가서 직접 관찰해 볼 수 있다. 관람로를 통해 관찰하기도 하지만 직접 내려가서 스롬볼라이트를 자세히 관찰해 보자.

클리프턴 호수의 스롬볼라이트

스롬볼라이트는 마이크로바이알라이트*Microbialite*라고 불리는 미생물 기원 퇴적구조의 한 형태이다. 이상한 바위모양으로 생겼는데, 미생물이 광합성을 하는 과정에서 물속의 탄산 칼슘(석회암)을 침전시켜 만들어졌다. 이런 구조들은 지구상에서 가장 오래된 생명체의 증거이고 그로 인해 위대한 과학적 흥미를 이끌어낸다. 또한 그 구조 안에 저장된 정보를 통해 과거의 환경에 대한 증거를 제공한다.

전 세계적으로 미생물 구조는 바하마, 버뮤다, 서호주 등 몇몇 곳에서만 볼 수 있다. 서호주에는 마이크로바이알라이트 화석이라고 알려진 약 35억 년 된 가장 오래된 미생물 구조가 존재한다. 또한 세계에서 수가 가장 많고 가장 다양한 형태의 살아있는 마이크로바이알라이트를 볼 수 있다.

스롬볼라이트는 덩어리진 내부 구조를 가지고 있으며, 적어도 5, 7억 년 정도 존재해 왔다. 스롬볼라이트는 수백만 년 동안 가장 지배적인 살아있는 해양 구조였는데, 약 3.95억 년 전에 산호나 대형 조류 같은 더 빨리 자라는 유기체가 서식 공간을 차지해 버려 감소했다고 알려졌다.

서호주에서 가장 잘 알려진 마이크로바이알라이트는 샤크 베이 하멜린 풀에 있는 스트로마톨라이트이다. 서호주의 남서부에서 살아 있는 마이크로바이알라이트는 잘 알려지지는 않았지만, 에스퍼런스, 아우구스타, 로트네스트 섬, 세르반테스, 록킹햄, 클리프턴 호수, 파멜럽 연못, 얄고럽 국립공원에 있는 프레스턴 호수에서 볼 수 있다. 이런 존재들 각각은 역사, 구조, 생물 형태학에서 분명하고 매우 중요한 공동체로 여겨진다.

클리프턴 호수는 남반구에서 가장 널리 알려진 살아 있는 비해양성 마이크로바이알라이트의 예를 보여 준다. 방사성 탄소 연대법에 의하면 클리프턴 호수의 스롬볼라이트는 1950년 전에 형성되었다고 한다. 오래되지는 않았지만 이들은 가장 오래된 생명 형태(원래 조상들과 거의 다르지 않은)의 직속 후손들에 의해 만들어졌다.

클리프턴 호수의 스롬볼라이트는 지속적으로 성장하고 있는데 이는 지하수의 지속적인 배출, 낮은 염분, 서식지로 유입되는 영양분과 높은 알칼리도와 연관이 있다. 도시의 저수지와 농경지로부터 침출된 영양분은 호숫물의 질과 클리프턴 호수에서 이미 관측되어 온

조류의 번성에 영향을 준다.

클리프턴 호수의 염분은 1990년대 초부터 급격하게 상승 중인데, 이는 스롬볼라이트에게 큰 위협이 되고 있다. 염분의 증가는 호수로 들어오고 나가는 다양한 물 균형의 변화에 기인한다. 특히, 동쪽에서 호수로 흘러드는 신선한 지하수는 스롬볼라이트의 생존과 성장에 필수적이라고 알려졌다. 만일 기후가 변하거나 또는 다른 목적으로 인해 지하수가 빠져나가 호수의 수면이 낮아지거나 저수지로 흘러든 신선한 지하수가 감소하면 스롬볼라이트는 성장을 멈출 것이다.

클리프턴 호수에서 자라나는 미세 조류에 의한 석회질 퇴적 구조인 스롬볼라이트의 단면

클리프턴 호수의 스롬볼라이트는 위협받는 생태 공동체로 등록되어 있으며 이를 위협하는 대상은 매우 많다. 방문객들에 의한 붕괴(또는 울타리가 부서진 경우 가축들), 오염, 바뀐 지하수의 흐름, 개간으로 인해 땅 위를 흐르는 빗물의 증가, 주변 식물 생장의 변화, 달팽이나 물고기 같은 외부

스롬볼라이트를 살며시 누르면 광합성의 결과물인 산소 방울이 발생하는 것을 볼 수 있다.

동물상의 유입, 잡초나 퇴적물에 의한 질식 등도 모두 스롬볼라이트를 위협하는 요소이다.

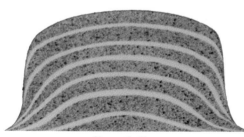

Stromatolite

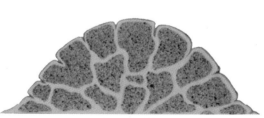

thrombolite

스트로마톨라이트와 스롬볼라이트의 단면 구조 비교
→ 스트로마톨라이트는 위로 성장하는 엽층리가 잘 발달되었으나 스롬볼라이트는 뒤죽박죽의 덩어리 괴상 형태를 보인다.

맨두라 *Mandurah*

맨두라 *Mandurah* 는 서호주에 있는 도시로, 퍼스에서 남쪽으로 자동차로 40분 거리인 약 72㎞ 떨어진 곳에 위치한다. 인구는 약 7만 명 정도이며 서호주에서 퍼스 다음으로 인구가 많다.

맨두라는 서호주의 서해안에 위치하며 전 세계에서 온 관광객이 이곳으로 많이 몰리는데 아름다운 바다와 모래사장, 인공 운하를 따라 개인 요트가 정박되어 있는 고급 저택 등 볼 거리가 많아서 휴양지로도 굉장히 유명하기 때문이다. 또한 이곳은 11월경 게잡이 시즌에 는 각지에서 사람들이 게잡이를 하러 몰려드는 곳이다.

클리프턴 호수를 떠나 퍼스 방향으로 올드 코스트 로드를 따라 20㎞ 정도 가면 맨두라의 인공 운하가 나온다. 이름이 도스빌 채널이라 하 며 이 운하의 다리를 건너자마자 좌측에 주차 공 간이 나온다. 이곳에 차를 주차하고 아래로 내려 가면 아름다운 풍경이 나타난다.

바닷가에는 작은 제티를 만들어 낚시를 하기도 한다. 운하를 흐르는 푸르고 맑은 바다와 고급스 러운 주택들이 아름다움을 더하는데, 특이한 것

은 제방에 쌓은 돌을 자세히 관찰해 보면 다양한 화석이 발견된다는 것이다. 두족류인 암모나이트와 복족류 고둥들이 꽤나 많이 발견되어 흥미를 더한다.

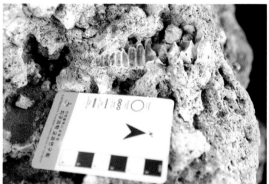

　도스빌 채널에서 올드 코스트 로드를 따라 5㎞ 정도를 간 후 좌회전하여 메르세데스 에비뉴로 1㎞ 정도 가면 스핀어웨이 퍼레이드 *Spinaway Parade* 라는 해안 도로를 만나게 된다. 이 도로는 해안을 따라 지어진 상류층의 고급 주택가로 아름다운 해안과 더불어 드라이브하기에 매우 아름다운 곳이다.

스핀어웨이 퍼레이드 길의 코너에는 작은 주차장과 바비큐장, 화장실, 샤워장 등을 갖춘 휴양지가 나온다. 여가를 즐기는 가족 단위의 휴양객이 많은 곳으로, 맑은 바닷물에 몸을 담그고 놀고 있는 아이들이 웃음을 자아낸다.

프리맨틀

Fremantle, Western Australia

● 프리맨틀(Premamtle)
◎ 퍼스

프리맨틀 *Fremantle*

프리맨틀은 19세기 항구 도시의 모습을 잘 간직한 도시이다. 영국이 서호주를 식민지로 지배할 때 거점이 되었던 곳으로, 1829년에 도착한 개척단의 리더인 카를로스 프리맨틀의 이름을 그대로 도시의 이름으로 쓰고 있다. 도시 내 80% 정도의 건물이 문화재로 지정되어 있으며, 서호주에서도 매우 이국적인 느낌이 드는 곳이다. 또한 프리맨틀은 멋진 해양과 감옥의 역사를 간직한 곳이다.

유서 깊은 이곳에서 꼭 가 봐야 할 곳은 서호주에서 가장 오래된 감옥인 라운드 하우스와 프리맨틀 감옥 그리고 서호주 해양 박물관이다. 피싱 보트 항 *Fishing Boat Harbour*에서 피시 앤 칩스 *Fish and Chips*를 맛보거나 수상 경력이 있는 맥주 양조장에서 페일 에일 *Pale Ale* 맥주를 맛보는 것도 또 하나의 재미이다.

현지 디자이너의 패션 제품과 호주 원주민인 애버리지니의 공예품과 각종 물건이 있는 프리맨틀 마켓을 구경하고 마켓 앞의 카푸치노 거리에서 커피를 마시며 거리 공연을 보는 여유를 즐기는 것도 좋다.

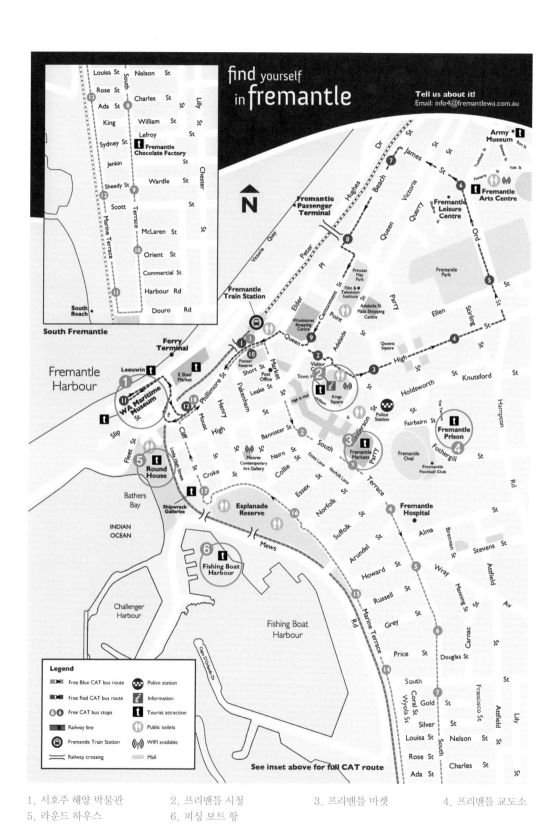

1. 서호주 해양 박물관
2. 프리맨틀 시청
3. 프리맨틀 마켓
4. 프리맨틀 교도소
5. 라운드 하우스
6. 피싱 보트 항

261

프리맨틀 교도소 *Fremantle Prison*

　호주는 영국의 죄수들을 유배해 두었던 유배지였다. 이런 죄수들을 수용했던 감옥 중 하나인 프리맨틀 감옥은 1850년대에 죄수들이 직접 건축하였고 1991년에 중범 교도소로서의 역할이 정지될 때까지 134년 동안 투옥과 형벌의 장소가 되었다. 이 감옥은 호주의 유산일 뿐 아니라 세계적인 문화유산(2010년 유네스코 세계 문화유산 등재)이며 현재는 서호주에서 가장 인기 있는 관광 명소 중 하나가 되었다. 관광 명소인 만큼 한국어로 오디오 안내와 서면 정보가 제공되어 편안하게 구경할 수 있다.

복역 투어 *Doing Time Tour*

1850년대의 죄수를 투옥한 기원부터 1991년 중범 교도소의 기능을 마칠 때까지를 포함한 프리맨틀 감옥을 구경하는 투어이다. 투어는 오전 10시부터 시작하여 30분마다 실시되며, 마지막 투어는 오후 5시에 시작된다. 복역 투어는 1시간 25분이 걸리며 투어 길이는 약 800m이다. 요금은 성인 1인이 $19이고 10인 이상 단체는 1인당 $16이다.

대탈출 투어 *Great Escape Tour*

교도소는 죄수의 탈옥을 막기 위해 감방문을 잠그고 족쇄를 채우기도 했으며 경계벽, 감시탑, 철조망 등을 설치했다. 이 투어는 그들의 탈옥 방식을 체험해 보는 것이다. 대탈출 투어는 오전 11시 45분을 시작으로 하여 매시간 출발하며 마지막 투어는 오후 4시 45분이다. 총 1시간 25분 소요되며 투어 길이는 약 1km이다. 요금은 복역 투어와 같다.

터널 투어 *Tunnels Tour*

프리맨틀 감옥 아래 깊은 곳에는 터널 미로가 있다. 백여 년 전에 단단한 암반을 손으로 깎아 만든 것이다. 20m 길이의 사다리를 타고 내려가 미로 속을 트레킹 하기도 하고 보트를 타기도 한다. 따라서 12세 미만의 어린이는 체험할 수 없고 신체적으로 어려움이 있거나 술을 마신 사람은 체험이 제한된다.

이 투어는 오전 9시, 오전 9시 45분, 오전 10시 40분, 오후 12시 20분, 오후 1시 40분, 오후 2시 40분 및 오후 3시 25분에 각각 시작된다. 총 소요 시간은 2시간 반이다. 이 체험은 반드시 미리 예약(08-9336-9200)해야만 할 수 있으며, 요금은 성인 1인 $60, 10인 이상 단체는 1인당 $50이다.

횃불 투어 *Torchlight Tour*

깜깜한 교도소를 횃불에만 의지한 채 도는 투어이다. 교수대와 영안실을 지나는 등 오싹한 기분을 체험할 수 있다. 이 투어는 매주 수요일과 금요일 저녁 6시 반, 저녁 6시 45분, 저녁 8시 30분에 이루어진다. 1시간 30분의 시간이 소요되며, 이 체험도 반드시 미리 예약(08-9336-9200)해야만 할 수 있다. 요금은 성인 1인 $25, 10인 이상 단체는 1인당 $21이다.

라운드 하우스 *Round House*

프리맨틀의 무료 셔틀버스 블루 캣을 타고
17번 정류장에서 내리면 프리맨틀 바닷가에
있는 라운드 하우스와 서호주 해양 박물관
에 갈 수 있다. 라운드 하우스는 해안의 거
대한 석회암 암반 위에 세워진 것이라 쉽게
눈에 띈다. 1831년 완공된 12각형 모양의
건물은 서호주에서 가장 오래된 건물로 유
럽인들의 서호주 이주 역사와 궤를 같이한

다. 라운드 하우스는 1886년까지 감옥으로 사용되었고 그 후 1900년까지 경찰의 유치장
으로 사용되기도 했다. 입장료는 따로 없으며 오전 10시 반부터 오후 3시 반까지 개방하고
있다.

서호주 해양 박물관 *Western Australia Maritime Museum*

최근에 개장한 이 박물관은 호주 원주민
시대에서부터 지금까지 스완 강과 바다에 관
한 이야기를 주제로 한 전시 자료가 준비되
어 있다. 이곳 박물관에서 가장 인기가 많은
것은 잠수함 투어인데, 1997년까지 실제로
사용했다는 잠수함 안을 들어가 볼 수 있다.

운영 시간은 오전 9시 반에서 오후 5시까
지이고 입장료는 박물관 입장은 성인 1인당

$10, 잠수함 관람은 따로 $10이며 둘을 동시에 구매하면 $16에 입장할 수 있다.

프리맨틀 마켓 *Fremantle Markets*

1897년에 영업을 시작한 오랜 역사의 프리맨틀 마켓은 흥미진진함이 넘치는 곳이다. 마켓 입구의 광장에서는 시간대별로 거리 공연이 이어지고 마켓 안에는 핸드메이드 화장품과 목욕용품, 부츠, 모자, 티셔츠, 차 번호판 등의 기념품은 기본이고, 핸드메이드 꿀과 신발, 케이크 등을 파는 간이 상점 *Stall* 수만 해도 150여 개에 이른다. 추천

할 만한 제품은 꿀과 다양한 허브 제품, 캥거루 육포 등이다. 호주는 야생화가 많아 꿀보다 설탕이 비싼지라 가짜 꿀은 만들지 않는다. 천연 허브로 만든 욕실 및 미용 제품은 브랜드는 없지만 그만큼 저렴하고 품질이 우수하기 때문에 인기이다. 마켓의 규모가 그리 크지는 않아 한 바퀴 둘러보는데 약 30분 정도가 소요된다. 영업 시간은 금요일에는 오전 9시부터 오후 8시까지, 토·일요일 및 공휴일은 오전 9시부터 오후 6시까지이다.

마켓 앞에는 카페들이 즐비하다. 이른바 카푸치노 거리라고 불리는 곳으로, 이곳의 수많은 야외 카페가 저마다 독특한 카푸치노를 제공한다. 야외 테이블에 앉아 카푸치노 한 잔을 마시며 휴식을 취하는 것도 꽤 낭만적이다.

카푸치노 거리

피싱 보트 항 *Fishing Boat Harbour*

서호주의 유서 깊은 항구 도시인 프리맨틀은 해산물 요리도 다양하다. 특히 피싱 보트 항을 따라 나 있는 레스토랑과 카페들은 인도양에서 갓 잡은 신선하고 푸짐한 해산물들을 맛볼 수 있는 완벽한 곳이다. 항구에서 'Waterfront'로 가면 피시 앤 칩스 가게가 줄지어 있다. 이곳에서 피시 앤 칩스를 맛보는 것도 좋은 경험이 될 것이다.

그러나 무엇보다 유명한 것은 리틀 크리처스 브루어리 *Little Creatures Brewery*이다. 과거에는 악어 농장이었으나 지금은 대형 맥주 양조장으로, 그리고 양조장 분위기를 물씬 풍기는 펍으로 사랑받고 있다. 직접 만든 맥주를 현장에서 마시는 만큼 맥주 맛은 단연 최고이고 다양한 해산물 안주도 적당한 가격에 즐길 수 있다.

피싱 보트 항 *Fishing Boat Harbour*

코트슬로 비치 *Cottesloe Beach*

코트슬로 비치는 서호주의 도시 근교 비치 중 가장 인기 있는 곳으로 꼽힌다. 퍼스의 서쪽 교외 지역에 위치한 코트슬로 비치의 1.5㎞ 황금 모래사장은 무두럽 록스 *Mudurup Rocks*에서 시작하여 북쪽 스완본 비치 *Swanbourne Beach*의 남쪽 바위까지 이어진다.

코트슬로 비치는 수영, 스노클링, 서핑은 물론 인도양의 지는 해를 감상할 수 있

는 곳으로, 퍼스 현지인들 사이에서도 100년 넘게 인기를 누리고 있다. 영화 '다크 나이트'의 조커를 연기했던 히스 레저가 가장 사랑했던 비치로도 유명하다. 뿐만 아니라 2009년 론리 플래닛이 선정한 세계 2위의 가족을 위한 비치이기도 하다.

게다가 거대한 노포크 소나무 그늘 아래 넓은 풀밭의 코트슬로 에스플러네이드 *Cottesloe Esplanade*는 가족 피크닉, 수영과 크리켓에 좋은 근사한 장소이다. 야외 음악 공연도 이곳에서 자주 개최된다. 마린 퍼레이드 *Marine Parade*를 따라 늘어선 레스토랑과 카페에서는 맛있는 해산물 요리를 즐길 수 있고, 해안 산책로는 보행과 자전거 운행에 모두 편리하도록 설

계되어 있다.

코트슬로는 1941년부터 1945년까지 재임했던 호주 14대 총리 존 커틴의 고향이기도 하다. 그가 지은 집은 호주 내셔널 트러스트 및 커틴 대학 *Curtin University*의 관리를 받으며 자라드 스트리트 *Jarrad Street*에 보존되어 있다.

로트네스트 해협 수영대회 *Rottnest Channel Swim*는 코트슬로 비치부터 연안의 로트네스트 섬까지 가는 연례 바다 수영 이벤트이다. 이 대회는 세계 최대 규모의 바다 수영 이벤트 중 하나로, 코스의 총 길이는 약 20㎞에 이른다. 대회의 역사는 로트네스 섬이 감옥으로 사용되었던 때로 거슬러 올라간다. 탈옥한 일부 죄수들이 카낙 *Carnac*과 가든 *Garden* 섬에서 잠시 쉬어가며 수영을 해서 본토까지 도망갔다는 이야기가 전해진다.

매년 코트슬로 비치는 현지 예술가들의 다양한 작품을 전시하는 해변 조각 축제의 장이 된다. 이 축제는 시드니 본다이 비치 *Bondi Beach*에서 열리는 바닷가 조각전 *Sculpture by the Sea*의 자매 행사이다. 현지인들 사이에서 '코트 *Cott*'라는 애칭으로 불리기도 하는 코트슬로 비치는 퍼스에서 자동차, 버스, 기차로 쉽게 이동할 수 있다.

코트슬로가는 길

 프리맨틀 스터링 하이웨이(5번 도로, 4km 이동) ▶ 좌회전하여 컬틴 에브뉴 진입(2.6km 이동) ▶ 좌회전하여 에릭 스트리트에 진입(300m 이동) ▶ 마린 퍼레이드 진입(204번 도로, 2km 이동) ▶ 코트슬로 비치 도착(총 8.9km 이동)

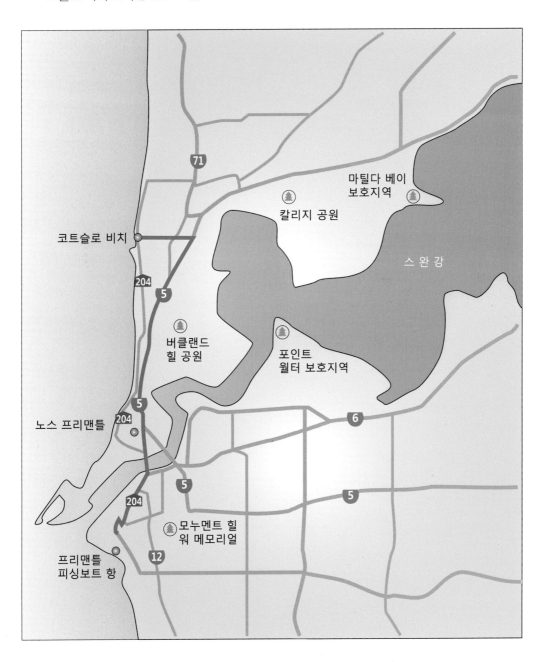

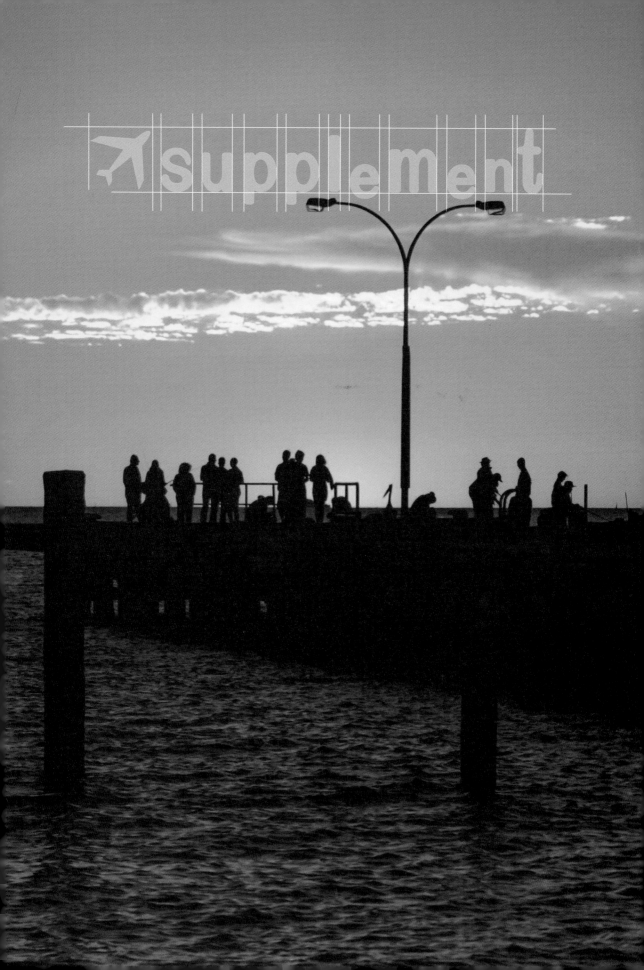

퍼스
Perth

호주의 지형과 지질

　호주는 오세아니아 대륙의 대부분을 차지하지만, 규모에 비해 지형은 다른 어떤 대륙보다도 변화가 적고 단조롭다. 둘레 약 2만㎞에 이르는 해안선도 굴곡이 적어 오랜 기간 안정 상태를 유지해 온 땅임을 알 수 있다.

　동쪽 해상에는 브리즈번 근처에서 북상하여 뉴기니 섬 부근에까지 약 2천㎞에 이르는 세계 최대의 산호초인 그레이트 배리어 리프가 뻗어 있다. 대륙 주변의 대륙붕은 육지에서 320~2,400㎞에 걸쳐 있고, 북쪽 아라푸라 해의 수심은 약 30m이고 남쪽 태즈메이니아 섬과 본토 사이의 배스 해협은 수심 70m이다.

　육지는 전체적으로 기복이 없이 평탄하여 전 세계 육지의 평균 해발 고도가 약 767m인데 반하여 호주의 평균 해발 고도는 330m에 못 미치며 해발 고도가 700m 이상인 지역은 전체의 12분의 1 이하이다.

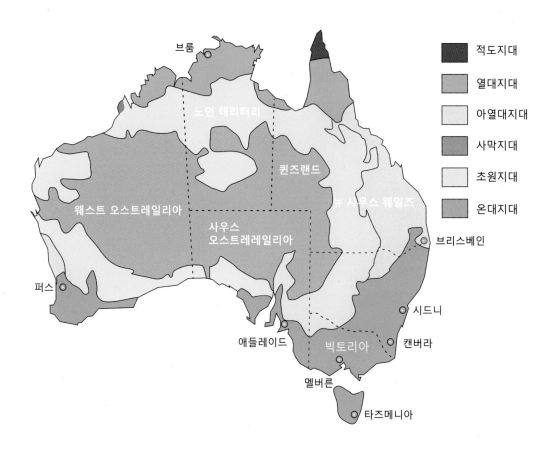

서호주 지역은 주로 선캄브리아대의 시생대와 원생대에 형성된 암석이 변성된 변성암이 기반암을 이루고 있으며, 국지적으로 고생대와 중생대의 암석이 분포한다. 중북부 지역에는 중생대의 퇴적암이 존재하며, 서부 해안 지역과 중남부 지역을 중심으로 신생대의 퇴적암이 존재하고, 해안가는 주로 현생 유기적 퇴적암으로 구성되어 있다.

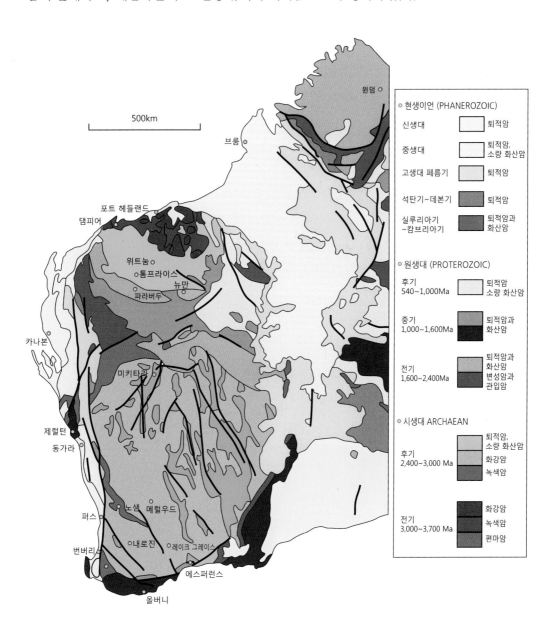

서호주 기타 정보

서호주 교통 정보

도로 규칙

- 호주는 거대한 땅이고, 기상에 따라서 도로 상태가 상당히 다를 수 있다. 그렇기에 운행 시간을 통상적인 시간보다 30% 정도를 더 추가해서 계획을 세우는 것이 좋다.

- 운전석은 우측에 있으며, 차량은 도로 좌측통행이다. 따라서 오른쪽 겨드랑이에 중앙선을 놓고 달리면 된다.

- 안전벨트 착용은 탑승자 전원 의무 규정 사항이다. 사고 발생 시 '벨트를 착용하였을 경우'가 훨씬 안전하다. 운전자는 탑승자 전원의 안전벨트 착용 여부를 확인해야 한다.

- 로터리에서는 먼저 진입한 차량에게 반드시 양보해야 한다. 빠져나갈 때에는 언제나 좌측 방향지시등을 켠다. 또한 모든 라운드 어바웃은 시계방향으로 돈다.

- 신호등에 'U-턴 허용' 사인이 없으면 유턴을 할 수 없다.

- 대중 버스에 길을 양보해야 하며, 시골 열차의 경우 예정대로만 운행되는 것은 아니므로 철도 건널목에서는 늘 주의해야 한다.

- 서호주에서는 호주 내 다른 주 또는 국제 운전 면허증으로도 1년간 운전할 수 있다. 면허증을 언제나 소지하여 경찰관이 요구하는 경우 제시해야 한다.

- 운전 중 휴대 전화 사용은 불법이다.

- 캠퍼밴은 일반 승용차보다 2배 정도 길고 높아서 바람의 영향을 받기 쉽다. 또한 낮은

다리 밑을 지날 경우 반드시 높이를 확인한다.

□ 일반적으로 캠퍼밴의 높이는 3.3m이다.

□ 추월선이 없는 곳에서 추월하지 않는다. 캠퍼밴인 경우 2배 정도의 시간과 거리가 필요하다.

□ 규정 속도를 준수하고 비가 오거나 안개가 끼면 속도를 더 줄여서 운전한다.

□ 외딴 곳에서 사고 시 반드시 차 근처에 있어야 하고 그늘에서 물을 아끼며 기다린다. 또한 지나가는 차에게 신호를 보낸다.(사고 시 전화 1300 363 800)

제한 속도

□ 제한 속도는 도로에 따라 다르지만, 최고 속도는 시속 110㎞이다. 이 속도를 초과하여 운전하는 것은 위법이다. 주요 대도시 간선 도로의 경우 제한 속도가 대부분 시속 60㎞이며, 외곽도로는 대부분 일률적으로 시속 50㎞로 제한된다.

□ 학교 구간은 확실하게 표시되어 있으며, 등하교 시간대 각각 한 시간씩 하루 총 두 시간 동안 시속 40㎞로 제한된다.

□ 프리웨이와 하이웨이에서의 제한 속도는 대개 시속 80㎞에서 110㎞에 이른다.

□ 서호주 경찰청은 차량용 레이더와 속도 감응 장치를 운용하고 있으며, 제한 속도 위반 시 방문객들에게도 벌금이 부과된다.

노로 상태

□ 비포장도로는 예고 없이 도로 상태가 변할 수 있다. 먼지는 다른 차량에게 피해를 줄 수 있으므로 먼지가 많은 곳에서는 천천히 달리는 것이 가장 안전한 방법이다.

ㅁ 서호주에는 비가 많이 내리기도 하며, 매년 사이클론이 몇 차례 몰아쳐 홍수가 발생하여 종종 교차로가 훼손되기도 한다. 일부 서호주 도로는 범람으로 순식간에 자취를 감추기도 하니 건너기 전에 수심과 수량을 확인하고 침수 부위를 확인해야 한다. 수위가 깊어지거나 물살이 빠를 경우 건너지 말아야 한다.

운전자 피로

운전자의 피로는 안전 운전에 해를 끼치는 주요인이다. 운전자가 피로를 느끼는 가장 위험한 시간대는 자정에서 새벽 6시 사이이다. 이 시간대에 교통사고가 날 확률은 20배나 더 높은 것으로 나타났다. 최소한 두 시간마다 걷거나 스트레칭으로 휴식을 취하고, 운전 하루 전에는 충분히 자도록 한다. 피로와 졸음이 밀려오면 즉시 차를 멈추고 잠깐 휴식을 취하거나 눈을 붙이는 것이 최선이다.

장거리 운행

길게 뻗은 넓은 도로를 주행하는 경우, 본의 아니게 속도를 높일 수 있으니 주의해야 한다. 운전자가 도로에 익숙하지 않고 적절한 휴식을 취하지 못한 경우, 앞 유리를 통해 내리쬐는 따뜻한 햇볕과 길게 뻗은 직선 도로, 부드럽게 운행되는 바퀴와 한산한 통행량 등은 졸음을 유발할 수 있다.

자동차를 빌려서 전문 가이드의 안내를 받으며 안전하게 여행하는 방법도 있다. 서호주의 믿을 만한 현지 여행사들이 먼 지역으로 동승 안내 *Tag-Along* 투어를 제공하고 있다.

세계 최장 트럭

서호주의 동부와 북부로 여행하다 보면, 지구에서 가장 긴 트럭을 볼 수 있다. 도로 위의 기차라고 일컬어지는 이 초대형 차량의 길이는 거의 50m에 달한다. 총 60여 개의 바퀴 위에 대형 트레일러가 3개까지 연결된 운송 트럭은 그야말로 장관이다. 로드 트레인의 최대 속도는 100㎞이며, 제동 거리만 1㎞ 이상이 필요하다. 일반 차량을 운전하면서 짐을 가득 실은 이 로드 트레인을 안전하게 추월하려면, 수 킬로미터 혹은 30~40초가 필요하므로 전방에 충분한 여유가 있는지 반드시 확인해야 한다. 추월하기로 결정했다면 가능한 빨리 안전하고도 효과적으로 추월하거나 추월선이 나올 때까지 기다려야 한다.

차량 견인

자신의 차량에 캠퍼밴, 트레일러, 보트 등을 연결할 경우 차량의 법적 허용 적재량을 숙지하고 안전하게 적재되었는지 반드시 확인해야 한다. 적재량을 초과하거나 허술하게 적재될 경우 차량 전복이나 기타 사고를 일으킬 수 있다.

트레일러나 캠퍼밴을 견인하는 차량의 경우 별도의 제한 속도 표지가 없다면 건물 구역 외에서 법적 최고 속도는 시속 100㎞이다.

아웃백 여행 시 주의 사항

경찰에 보고된 서호주 내 아웃백에서 발생한 차량 사고 가운데 거의 50%는 차량과 동물 추돌 사고이다. 동물과는 경미한 추돌 사고에도 차량이 훼손되어 수리비가 많이 들기도 한다.

캥거루와 같은 대부분의 호주 동물들은 석양녘과 새벽에 움직임이 활발해진다. 동물 밀집 지역에서는 주간에도 속도를 낮추어 여행하는 것이 최선이다. 도로 전방에서 동물과 만나게 된다면 일직선상으로 브레이크를 확실히 잡고 경적을 울린다. 도로상에 있는 것이 보다 안전하므로 도로를 이탈하지 않는 것이 좋다.

음주와 약물

음주 또는 약물 복용 후에 운전하는 것은 치명적이다. 서호주에서는 음주 또는 각성제를 복용 후에 운전하다가 적발되면 누구든 엄중하게 처벌받는다. 법이 허용하는 운전자의 혈중 알코올 수치는 0.05% 이하이다.

호주의 시간대

그리니치 표준 시간 *GMT*은 경도 0°에서의 표준 시간이며, 세계 시간대는 이 지점을 중심으로 동서로 나뉜다. 현재는 세계 협정시 *UTC*라는 용어를 보다 일반적으로 사용한다. 태평양 한가운데에 있는 날짜 변경선을 중심으로 날짜가 바뀌는데, 날짜 변경선을 넘어 동쪽으로 가면 하루를 빼야 하고, 서쪽으로 가면 하루를 더해야 한다.

호주는 3개의 시간대로 나누어져 있다. 호주 동부 표준시 *AEST*는 동부에 있는 주들, 즉

퀸즐랜드 *Queensland*, 뉴사우스웨일스 *New South Wales*, 빅토리아 *Victoria*, 태즈메이니아 *Tasmania*, 호주 수도 특별구 *Australian Capital Territory*의 시간대이다. AEST는 세계 협정시에 10시간을 더하면 된다(UTC+10).

호주 중부 표준시 *ACST*는 남호주 *South Australia*, 서부 뉴사우스웨일스의 브로큰힐 *Broken Hill* 마을과 노던 테리토리 *Northern Territory*의 시간대로 ACST는 세계 협정시에 9.5시간을 더하면 된다(UTC+9.5).

호주 서부 표준시 *AWST*는 서호주 *Western Australia*의 시간대로, AWST는 세계 협정시에 8시간을 더하면 된다(UTC+8). 즉 한국에서 한 시간을 빼 주면 된다.

일광 절약제

여름에는 뉴사우스웨일스, 빅토리아, 남호주, 태즈메이니아, 호주 수도 특별구에서 한 시간을 앞당겨 사용하는 일광 절약제 *Daylight Saving Time, DST*를 실시한다. 일광 절약제는 10월 첫째 일요일 오전 2시(AEST 기준)에 시작하여 4월 첫째 월요일 오전 3시(호주 동부 일광 절약 시간)에 종료된다.

10월이 되면 뉴사우스웨일스, 호주 수도 특별구, 빅토리아, 태즈메이니아는 호주 동부 표준시 *AEST*에서 호주 동부 일광절약 시간 *AEDT*, 즉 세계 협정시에 11시간을 더한 시간(UTC+11)으로 표준시를 이동한다. 남호주와 뉴사우스웨일스 주의 브로큰힐은 호주 중부 표준 시 *ACST*에서 호주 중부 일광 절약 시간 *ACDT*, 즉 세계 협정시에 10시간 30분을 더한 시간(UTC+10.5)으로 표준시를 이동한다.

퀸즐랜드, 노던 테리토리, 서호주는 일광 절약제를 실시하지 않는다.

호주의 화폐

지폐와 주화

호주의 화폐 단위는 호주 달러로 지폐는 100달러, 50달러, 20달러, 10달러, 5달러가 통용되며 주화는 5센트, 10센트, 20센트, 50센트, 1달러 그리고 2달러가 통용된다.

다양한 색상의 지폐에는 과거와 현재의 유명한 호주 인물들이 등장한다. 100달러 지폐에는 세계 정상의 오페라 가수 넬리 멜바 *Nellie Melba* (1861~1931)와 위대한 군인이자 엔지니어 겸 행정가인 존 모나쉬 경 *John Monash* (1865~1931)이 앞뒤로 인쇄되어 있다. 50달러 지폐에는 원주민 작가이자 발명가인 데이비드 우나이폰 *David Unaipon* (1872~1967)과 호주 최초의 여성 의원 에디스 코완 *Edith Cowan* (1861~1932)이 앞뒤로 인쇄되어 있다. 20달러 지폐에는 세계 최초의 항공 의료 단체인 로열 플라잉 닥터 서비스 *Royal Flying Doctor Service*의 창립자 존 플린 *John Flynn* (1880~1951) 목사와 1792년 유형수로서 호주에 건너와 해운업계의 거물로 성공하고 자선 사업가로도 활동한 메리 레이비 *Mary Reibey* (1777~1855)가 앞뒤로 인쇄되어 있다.

10달러 지폐에는 시인인 AB '반조' 패터슨 *Banjo Paterson* (1864~1941)과 메리 길모어 *Mary Gilmore* (1865~1962) 부인이 앞뒤로 인쇄되어 있다. 5달러 지폐에는 영국 엘리자베스 2세 여왕 *Queen Elizabeth II*과 수도 캔버라의 국회 의사당이 인쇄되어 있다. 표준 1달러 주화는 여왕의 공식 보석 세공사였던 스튜어트 데블린 *Stuart Devlin*이 50, 20, 10, 5센트 주화와 함께 디자인했다.

1달러 주화에는 다섯 마리의 캥거루가 새겨져 있으며, 2달러 주화에는 원주민 노인이 남십자성과 토착 풀나무를 배경으로 앉아 있는 모습이 새겨져 있다. 50센트 주화에는 중앙에 6개 주를 상징하는 방패를 캥거루와 에뮤가 받쳐 들고 있는 모습의 호주 국가 문장 *Coat of Arms*이 새겨져 있다. 20센트 주화에는 오리너구리(곧 크리켓 영웅 도널드 브래드먼 *Donald Bradman* 경으로 교체 예정)가, 10센트 주화에는 수컷 호주산 금조가 춤추는 모습이, 그리고 5센트 주화에는 바늘두더지가 각각 새겨져 있다.

1996년 호주는 세계 최초로 모든 지폐를 폴리머(플라스틱)로 발행하게 되었다.

옷차림

동,남부 온대 지역

여름(12월~2월)에는 낮에 따뜻하거나 더우므로 반팔에 반바지 혹은 얇은 긴팔 정도의 가벼운 옷차림이 좋으며, 밤에는 서늘한 곳들이 꽤 있으므로 얇은 점퍼나 카디건, 스웨터, 남방 등 겉에 덧입을 옷이 필요하다.

겨울(6월~8월)에는 긴팔 셔츠에 스웨터나 재킷 등을 입고 다니면 된다. 낮에는 선선하거나 조금 쌀쌀함을 느낄 정도의 날씨인 반면, 밤에는 바람도 불고 추위가 느껴지므로 따뜻하게 걸칠 점퍼가 꼭 필요하다. 배낭여행 시 코트는 부피가 많이 나가기 때문에 작게 접을 수 있는 점퍼로 준비하는 것이 효율적이다.

열대 지역

연중 반바지에 반팔과 같은 가벼운 차림이 좋지만, 워낙 햇볕이 따가운 곳이 많으므로 얇은 긴팔 남방을 꼭 준비하여 뜨거운 낮에 덧입고 다니는 것이 좋다. 특히 피부가 약한 사람들은 피부 화상이나 빨갛게 타는 것을 예방할 수 있다. 또한 낮에 덥다고 해도 밤이 되면 선선해지므로 얇은 긴팔 셔츠 하나 정도는 필수로 가지고 다녀야 한다. 또한 여름에는 모기떼들이 극성이므로, '캠핑'을 하려는 여행객들은 얇은 긴 바지도 필요하다.

퍼스 사람들은 정장을 그리 즐겨 입지는 않으나, 업무상 회의, 연극 관람 시, 고급 식당에서 식사할 때, 몇몇 카지노에 출입 시 등 남자는 넥타이에 양복, 여자는 스커트에 구두와 같이 공식적인 옷차림을 해야 할 때가 있다. 따라서 모임 약속이 있다면 정장을 챙겨야 하는지 체크해서 준비해야 한다.

호주를 여름에 방문한다면 챙이 있는 모자, 선글라스, 선 블록 또는 태닝 로션(현지 UV지수에 맞게 나온 제품들을 팔기 때문에 선 블록, 태닝 로션은 현지에서 구매해도 괜찮다.)을 꼭 준비하는 것이 좋다. 또한 퍼스에서 흔한 '알로에 로션'은 태닝 후 혹은 피부가 태양에 노출되어 빨갛게 된 부분에 바르면 좋으니 하나 정도 준비하면 요긴하게 쓰인다.

걷는 일정이 많다면 샌들과 함께 운동화는 필수로 준비하는 것이 좋다.

호주 반입이 금지된 품목들

Quarantine Matters!(검역은 중요하다.)

신고하거나 주의하십시오!

호주에 도착할 때는 모든 음식물과 식물, 동물 제품을 반드시 신고하여 검사를 받고 해충과 질병의 피해가 없도록 하여야 한다.

일부 물품들은 안전을 위해 검역 처리를 요청받을 수도 있다. 그 이외, 해충이나 질병의 위험이 있는 물품들은 AQIS에 압수되어 폐기처분된다. 검역 위험 요인이 있는 물품은 본인이 미리 공항 터미널에 비치되어 있는 검역 수거통에 버릴 수 있다. 검역 대상 물품인지가 확실하지 않은 경우 검역청 직원에게 문의하자.

호주 입국 이전의 절차

호주에 내리기 전에 받는 입국 신고서*Incoming Passenger Card*는 법적인 서류로 음식물, 식물 혹은 동물 제품을 소지하고 있는 경우에는 반드시 입국 신고서의 '예'란에 표시하여야 한다. 신고하고 싶지 않은 물품은 공항 터미널에 비치되어 있는 검역 수거통에 폐기할 수 있다.

도착하면 짐은 엑스레이 투시 검사, 직접 검사, 또는 검역 탐지견에 의해 조사될 수 있다. 검역 물품을 신고하지 않거나 폐기하지 않은 경우, 또는 거짓 신고를 한 경우 적발 시 $220의 즉석 벌금 또는 기소되어 $60,000 이상의 벌금형과 징역 10년형의 위험에 처할 수 있다. 단, 물품을 신고한 경우에는 처벌받지 않는다.

신고한 물품은 대부분 검역 검사를 한 후 돌려준다. 그러나 질병 위험 대상 물품이나 벌레 및 유충이 발견된 물품은 압수 처리된다.

검역 위험 요인에 따라서

□ 물품에 검역 안전 처리가 필요한 경우에는 비용을 지불하고 처리를 받거나(예: 훈증 처리, 광선 처리)

□ 호주 출국 시 다시 가지고 나갈 수 있도록 공항 보관실에 물품을 보관해 두거나

□ 물품을 다시 반출하거나

□ AQIS에서 물품을 폐기처분하도록 할 수 있다.

검역 처리 과정 중 물품이 손상될 수 있는데, AQIS는 손상이 최소화되도록 주의하지만 처리 후 발생할 수 있는 손상에 책임을 지지는 않는다.

도착 시 유의 사항

□ 본인의 짐은 본인 책임이다. 내용물을 잘 알고 입국 신고서 *Incoming Passenger Card*에 정확하게 신고할 수 있도록 한다.

□ 짐을 싸기 전에 음식물 포장에 있는 라벨을 확인하여 제조 재료 중 금지 품목이 들어 있지 않도록 한다.

□ 한국에서 음식물을 가져갈 것이라면 음식만 따로 포장하여 담는 것이 검역에 수월하다.

□ 검역과 관련된 물품은 검사 시 바로 제시할 수 있도록 준비해 둔다.

□ 호주의 대부분의 수도에는 한국 식품점들이 있다. 엄격한 검역 조건에 따라 수입된 여러 종류의 한국 음식품들이 호주 내에서 살 수 있다.

문화 행사, 명절과 검역

문화 행사나 명절 기간에 여행자들이 호주에 특산품 선물이나 기념품들을 가지고 들어오는 것은 흔히 있는 일이다. 문제는 이러한 물품들 중 일부가 금지되어 있거나 검역 이유로 반입이 불가하다는 것이다.

행사	금지 품목
발렌타인 데이	생화
봄(북반구)	꽃과 야채류의 씨앗이나 구근
크리스마스	금지된 물품이 들어 있거나 금지된 물품으로 만들어진 선물
신혼여행	생밤

신고하거나 주의하자!

음식물

- □ 상업용으로 제조된 식품, 조리된 식품, 날 음식물, 음식 재료
- □ 대추 등 견과류, 채소
- □ 라면, 햇반
- □ 포장식 요리
- □ 허브와 고춧가루 등의 양념류
- □ 한방약, 전통 약재, 물약, 전통 차(로열 젤리 포함)
- □ 스낵류 과자, 케이크, 사탕류
- □ 차, 커피, 코코아, 기타 유제품으로 만들어진 음료수
- □ 김치, 젓갈, 장아찌, 고추장, 된장
- □ 멸치, 오징어, 어묵 등 해산물, 건어물, 염장 해물, 날 생선류
- □ 김, 생미역이나 말린 미역, 잎, 기타 식물 재료로 싼 음식
- □ 기내식, 기내에서 제공하는 스낵류

유제품, 달걀 제품

- □ 치즈, 소스, 수프 믹스 등 유제품 일체
- □ 재료에 10% 이상의 낙농 성분이 든 모든 제품(건제품도 포함)
- □ 우유, 요거트, 치즈가 든 샌드위치 등의 기내식
- □ 달걀(말리거나 분말로 된 것도 포함), 계란국수, 마요네즈, 수프 양념 등 달걀 제품
- □ 어린이와 함께 여행하는 경우 분유와 뉴질랜드산 낙농 제품은 허용됨

살아 있는 동물과 동물 제품

- □ 깃털, 뼈, 뿔, 상아
- □ 가죽, 피혁, 모피
- □ 모직물과 동물 털 : 양모 깔개, 양모 덮개, 털실, 공예품 등
- □ 박제 동물, 박제 새 : 박제술 인가장 필요 – 일부는 멸종 생물 보호법에 의해 금지될 수 있음
- □ 조개껍데기, 산호 : 장신구와 기념품 포함 – 산호는 멸종 생물 보호법에 의해 반입 금지

- □ 꿀벌 제품 : 꿀, 벌집, 로열 젤리, 밀랍 등, 꽃가루는 반입 금지
- □ 사용한 동물 관련 장비 : 가축 병원 장비와 약품, 육류를 자르거나 판매에 사용되는 장비, 마구, 말안장, 동물집, 새장 포함
- □ 모든 포유동물, 조류, 조류의 알, 새의 둥지, 물고기, 파충류, 양서류, 곤충류
- □ 녹용, 사슴 피 : 뉴질랜드산이라고 표기된 뉴질랜드 사슴 제품은 허용됨

기타 제품

- □ 조직 배양체를 포함하는 생물학적 표본
- □ 동식물 재료로 만든 공예품이나 취미용품
- □ 사용한 스포츠 레저 캠프 장비 : 텐트, 자전거, 골프, 낚시장비 등
- □ 흙, 변 혹은 식물 원료에 오염된 신발, 등산화
- □ 사용한 민물 물놀이용 장비나 낚시 장비 : 낚싯대, 그물, 낚시복, 카약, 노, 구명복 등

특별 반입 조건이 적용

다음 물품들은 도착 시 반드시 신고하고 검사받아야 한다. 다음은 검역 위험도가 높은 물품에 속하지만, 도착 전에 AQIS에서 발급받은 수입 허가증 _Import Permit_이 있거나 호주 국내에서 물품에 안전 처리를 하는 경우 반입이 허용될 수 있는 품목이다. 이러한 경우에 속하지 않으면 AQIS에게 압수되어 폐기처분되거나 공항 검역 수거함에 버려야 한다.

동물성 제품

- □ 통조림 처리되지 않은 모든 동물성 음식 제품 : 날 제품, 건제품, 냉동품, 조리 제품, 훈제품, 염장 제품, 방부 제품 등 모든 종류의 육류 포함 – 살라미, 소시지, 육포, 소고기가 들어간 고추장 등
- □ 육류가 들어간 라면
- □ 애완동물 먹이 : 통조림, 생가죽으로 만든 씹을 거리 포함
- □ 육류가 든 샌드위치를 포함하는 기내식
- □ 동물의 가죽으로 만든 공예품 : 북, 장구, 방패 등

씨앗, 견과류

☐ 날밤, 곡식, 팝콘 옥수수알, 익히지 않은 콩류, 견과류, 잣, 새 모이, 미확인된 씨앗들

☐ 포장된 씨앗 상품 일부

☐ 씨앗으로 만든 장식품

청과물, 채소

☐ 생과일, 생채소, 냉동 과일, 냉동 야채 : 귤, 오렌지, 감, 마늘, 생강, 인삼, 고추, 파, 배추, 무 등

식물 제품

☐ 나무 제품과 목각 제품 : 도료 도장 제품 포함 – 나무껍질은 반입이 금지되어 있으며 압수 처분이나 검역 처리 대상이다.

☐ 식물 재료가 들어간 한방약

☐ 식물 재료로 만든 장식품, 공예품, 소장품

☐ 식물 재료, 야자수 잎이나 식물 잎사귀로 만든 깔개, 가방, 짚으로 만든 제품과 포장재, 기타 제품 : 바나나 나무로 만든 제품은 반입 금지.

☐ 대나무, 등나무 또는 등나무 줄기로 만든 바구니와 가구제품

☐ 씨앗이 들어있거나 씨앗으로 채워져 있는 제품

☐ 말린 꽃과 꽃꽂이

☐ 생화와 레이 : 장미, 카네이션, 국화 등 줄기로부터 재배할 수 있는 꽃은 반입금지

☐ 화분에 담겨 있거나 담겨 있지 않은 뿌리 식물, 식물의 부분, 뿌리, 구근, 곡식의 이삭, 근경, 줄기, 기타 실용 식물 재료

더 자세한 사항

호주 물품 반입에 관련된 더 자세한 정보가 필요하면 다음 사이트를 참조한다.

☐ 면세 허용 관련   www.customs.gov.au

☐ 야생 동식물 거래법   wwwenvironment.gov.au/travel

☐ ICON   www.aqis.gov.au/icon

서호주 숙박 정보

Pinnacles Caravan Park

주소	35 Aragon Street Cervantes WA 6511, Australia
전화번호	61-8-9652-7060
홈페이지	http://www.pinnaclespark.com.au/
시설	저녁 6시 이후 체크인을 할 경우에는 미리 전화로 확인해 두어야 하며 Powered sites 이용, 샤워실 및 화장실 깨끗함, 세탁 시설 사용 가능, 공용 주방 시설 및 바비큐장 이용 가능, 주변 해안 경관이 뛰어남
사진	

Denham Seaside Tourist Village

주소	1 Stella Rowley Drive Denham WA 6537, Australia
전화번호	61-8-9948-1242
홈페이지	http://www.sharkbayfun.com/
시설	Powered sites 이용, 해변에 위치한 캠핑장으로 주말과 주중의 이용료 차이가 큼, 공용 주방 시설 및 바비큐장 이용 가능, 샤워실 및 화장실 깨끗하며 세탁 시설 사용 가능, 셸 비치 벽돌로 건축하여 특이함
사진	

Coral Coast Tourist Park

주소	108 Robinson Street Carnavon WA 6701, Australia
전화번호	61-8-9941-1438
홈페이지	http://www.coralcoasttouristpark.com.au/
시설	Powered sites 이용, 사용한 캠핑장 중 샤워실 및 화장실이 가장 쾌적하고 깨끗했으며 수영장, 공용 주방 시설 및 바비큐장, 세탁 시설 모두 사용 가능
사진	 

Nanutarra Roadhouse

주소	North West Coast Highway Nanutarra WA 6751, Australia
전화번호	61-8-9943-0521
홈페이지	http://nanutarra.com.au/
시설	새로 오픈한 로드하우스로 Powered sites 이용 가능, 샤워 시설 및 화장실이 쾌적하고 깨끗함, 간단한 스낵과 식사를 할 수 있는 레스토랑이 함께 있음
사진	 

Karijini Eco Retreat

주소	Weano Road Tom Price WA 6751, Australia
전화번호	61-8-9425-5591
홈페이지	http://www.karijiniecoretreat.com.au/
시설	Deluxe Eco Tents : 친환경 텐트로 개인 화장실과 샤워실이 구비되어 있음, 텐트에 모기장이 설치되어 있어 쾌적하며 깔끔함 Camp sites : Unpowered sites로 전기 사용 불가, 공용 샤워실과 화장실 하나씩 예약 사무소 앞에 위치함, 바비큐장 사용 가능하고 식기 세척을 할 수 있는 시설은 구비되어 있으나 전기를 사용할 수 있는 공용 주방이나 세탁실은 없음
사진	 

Kumarina Roadhouse

주소	Great Northern Hwy, Kumarina WA 6642, Australia
전화번호	61-8-9981-2930
홈페이지	
시설	소, 염소, 개, 뱀, 새 등 다양한 동·식물들을 볼 수 있으며, 샤워실과 화장실 사용 가능함, Powered sites를 이용했으나 전력이 다소 약함
사진	 

Wongan Hills Caravan Park

주소	Wongan Rd Wongan hills WA 6603, Australia
전화번호	61-8-9671-1009
홈페이지	http://www.wonganhillscaravanpark.com.au/
시설	Powered sites 이용, 로드하우스와 비슷할 정도로 가격이 매우 저렴하며 시설도 깨끗하고 쾌적함 샤워실, 화장실, 공용 주방 및 바비큐장, 세탁실 모두 사용 가능, 친절도가 높고 안락함
사진	 

Wave Rock Cabins & Caravan Park

주소	1 Wave Rock Rd, Hyden WA 6359, Australia
전화번호	61-8-9880-5022
홈페이지	http://www.waverock.com.au/
시설	웨이브 록에 위치하고 있는 캠핑장으로 Powered sites 이용 수영장 및 샤워실, 화장실, 공용 주방, 바비큐장, 세탁실 모두 사용 가능함, 웨이브 록 트래일과 거리가 가까움
사진	 

Denmark Rivermouth Caravan Park

주소	Inlet Drive Denmark WA 6333, Australia
전화번호	61-8-9848-1262
홈페이지	http://www.denmarkrivermouthcaravanpark.com.au/
시설	인기 있는 덴마크 해변 지역의 캠핑장으로 미리 전화로 예약할 것을 추천함, Powered sites 이용했으며 공용 주방 및 바비큐장, 샤워실 및 화장실, 세탁실 모두 사용 가능함, 규모가 크고 이용객이 매우 많아 번잡함
사진	 

Pemberton Caravan Park

주소	1 Pump Hill Road Pemberton WA 6260, Australia
전화번호	61-8-9776-1300
홈페이지	http://www.pembertonpark.com.au/
시설	Powered sites 이용, 공용 주방 및 바비큐장, 샤워실 및 화장실, 세탁실 모두 사용 가능함, 파크의 면적이 대단히 넓고 자연경관이 좋아 공원 같은 분위기로 어두워 천체 관측에 용이함
사진	 

Kookaburra Caravan Park

주소	66 Marine Terrace Busselton WA 6280, Australia
전화번호	61-8-9752-1516
홈페이지	http://turu.com.au/parks/wa/south-west-wa/kookaburra-caravan-park.aspx
시설	버셸턴 제티 해안가에 인접하고 있는 캠핑장으로 반드시 전화로 예약 할 것을 추천함, 캠핑장이 여러 지역으로 나뉘어져 있기 때문에 캠핑 사이트 번호를 숙지해야 하며, Powered sites 이용 샤워실 및 화장실 깨끗하고 공용 주방 및 바비큐장, 세탁실 모두 사용 가능함
사진	 

Central Caravan Park

주소	34 Central Avenue Ascot WA 6104, Australia
전화번호	61-8-9277-1704
홈페이지	http://www.perthcentral.com.au/
시설	퍼스 스완 강 상류에 위치, 캠퍼밴 이용 시 마우이 업체에 가까워 반납이 용이함, Powered sites 이용 샤워실 및 화장실 쾌적하며 깨끗하고 공용 주방 및 바비큐장, 세탁실 모두 사용 가능함
사진	 

서호주 탐사 맵

서호주 주요 답사 지점

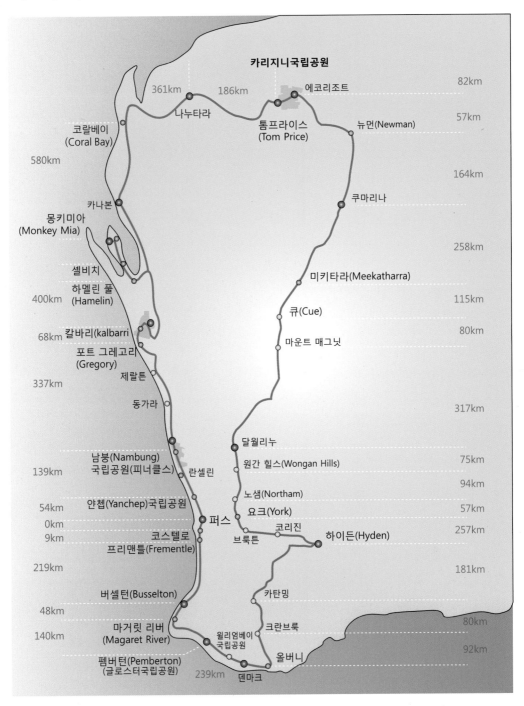

카리지니국립공원

361km   186km   에코리조트   82km

나누타라   톰프라이스(Tom Price)   뉴먼(Newman)   57km

코랄베이(Coral Bay)

580km   164km

쿠마리나

카나본

몽키미아(Monkey Mia)   258km

셸비치

하멜린 풀(Hamelin)   미키타라(Meekatharra)

400km   115km

큐(Cue)

칼바리(kalbarri)   80km

68km   마운트 매그닛

포트 그레고리(Gregory)

제랄튼

337km

동가라   317km

달월리누

남붕(Nambung)국립공원(피너클스)   원간 힐스(Wongan Hills)   75km

139km   란셀린   94km

노샘(Northam)

얀쳅(Yanchep)국립공원   요크(York)   57km

54km   퍼스   코리진

0km   코스텔로   하이든(Hyden)   257km

9km   프리맨틀(Frementle)   브룩튼

219km   181km

버셀턴(Busselton)   카탄밍

48km   크란브룩   80km

140km   마거릿 리버(Magaret River)   윌리엄베이국립공원   올버니   92km

펨버턴(Pemberton)(글로스터국립공원)   239km   덴마크

주요 캠프 사이트

캠프 사이트(서호주 북부)

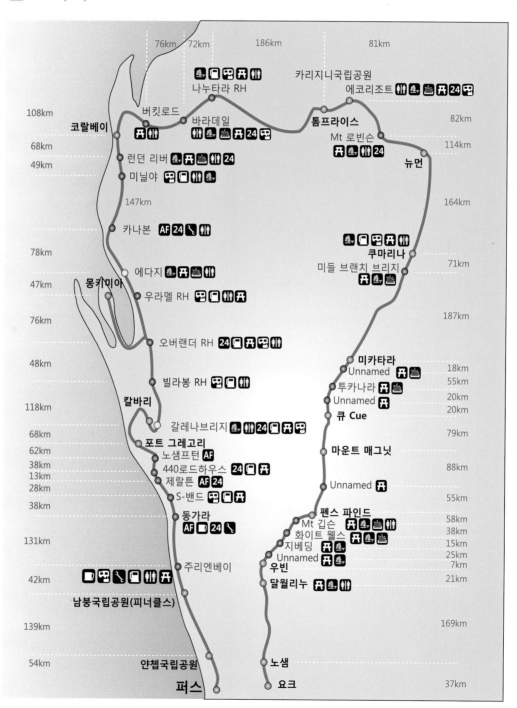

캠프 사이트(서호주 남부)

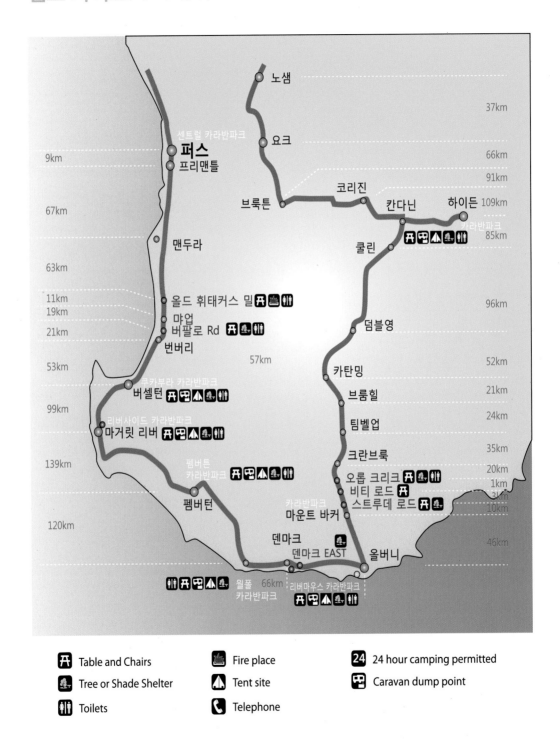

노샘

37km

센트럴 카라반파크
퍼스
프리맨틀

요크

66km

9km

91km

코리진

109km

브룩튼

칸다닌

하이든

67km

쿨린

카라반파크

85km

맨두라

63km

96km

11km
19km

올드 휘태커스 밀

21km

먀업
버팔로 Rd

덤블영

번버리

57km

카탕밍

52km

53km

쿠카브라 카라반파크

브룸힐

21km

버셀턴

99km

팀벨업

24km

리버사이드 카라반파크

마거릿 리버

크란브룩

35km

139km

오롭 크리크

20km

펨버튼 카라반파크

비티 로드

1km

스트루데 로드

3km
10km

펨버턴

카라반파크

120km

마운트 바커

덴마크

46km

덴마크 EAST

올버니

리버마우스 카라반파크

월폴   66km

카라반파크

범례

Table and Chairs	**Fire place**	**24 hour camping permitted**
Tree or Shade Shelter	**Tent site**	**Caravan dump point**
Toilets	**Telephone**	

퍼스에서 포트헤들랜드(1번 노스 웨스트 코스탈 하이웨이)

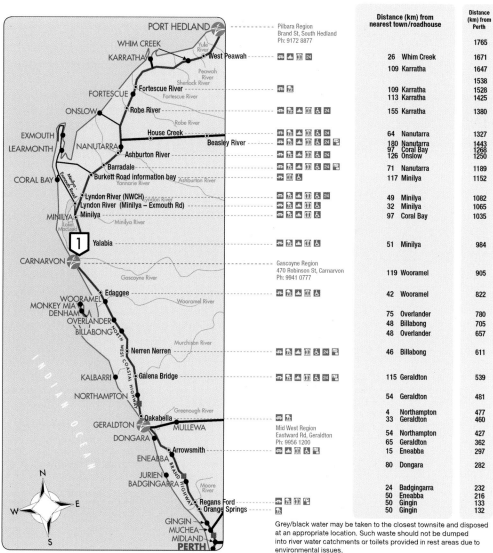

Pilbara Region
Brand St, South Hedland
Ph: 9172 8877

Gascoyne Region
470 Robinson St, Carnarvon
Ph: 9941 0777

Mid West Region
Eastward Rd, Geraldton
Ph: 9956 1200

Distance (km) from nearest town/roadhouse		Distance (km) from Perth
		1765
26	Whim Creek	1671
109	Karratha	1647
		1538
109	Karratha	1528
113	Karratha	1425
155	Karratha	1380
64	Nanutarra	1327
180	Nanutarra	1443
97	Coral Bay	1268
126	Onslow	1250
71	Nanutarra	1189
117	Minilya	1152
49	Minilya	1082
32	Minilya	1065
97	Coral Bay	1035
51	Minilya	984
119	Wooramel	905
42	Wooramel	822
75	Overlander	780
48	Billabong	705
48	Overlander	657
46	Billabong	611
115	Geraldton	539
54	Geraldton	481
4	Northampton	477
33	Geraldton	460
54	Northampton	427
65	Geraldton	362
15	Eneabba	297
80	Dongara	282
24	Badgingarra	232
50	Eneabba	216
50	Gingin	133
50	Gingin	132

Grey/black water may be taken to the closest townsite and disposed at an appropriate location. Such waste should not be dumped into river water catchments or toilets provided in rest areas due to environmental issues.

퍼스에서 포트헤들랜드(95번 그레이트 노던 하이웨이)

퍼스에서 포트헤들랜드(95번 그레이트 노던 하이웨이)

포트헤들랜드

퍼스

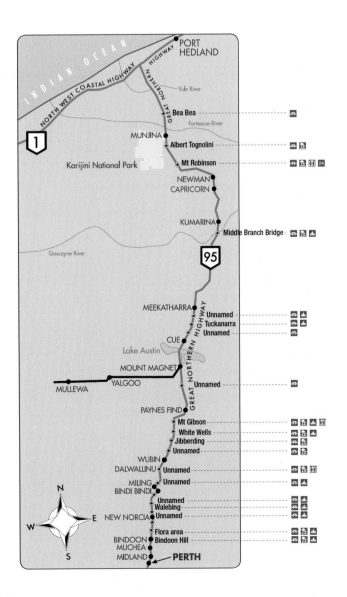

Distance (km) from nearest town/roadhouse		Distance (km) from Perth
		1638
56	Munjina	1413
171	Newman	1357
10	Munjina	1347
114	Newman	1300
14	Capricorn	1186
14	Newman	1172
162	Newman	1022
71	Kumarina	951
113	Cue	764
18	Meekatharra	746
40	Cue	691
20	Cue	671
79	Mt Magnet	651
79	Cue	572
88	Mt Magnet	483
143	Mt Magnet	429
85	Wubin	357
47	Wubin	319
32	Wubin	304
7	Wubin	279
21	Dalwallinu	272
21	Wubin	251
7	Miling	211
17	Bindi Bindi	204
17	Miling	187
11	Bindi Bindi	176
18	Bindi Bindi	169
23	Bindi Bindi	164
51	Bindoon	125
25	Bindoon	109
10	Bindoon	94
22	Muchea	84
22	Bindoon	62

퍼스에서 칼굴리 (94번 그레이트 이스턴 하이웨이)

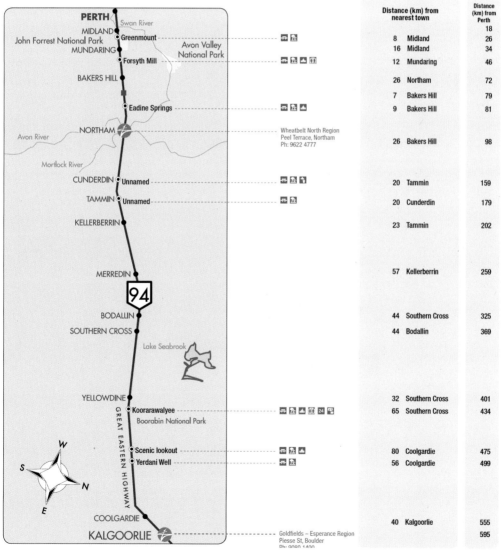

Distance (km) from nearest town		Distance (km) from Perth
		18
8	Midland	26
16	Midland	34
12	Mundaring	46
26	Northam	72
7	Bakers Hill	79
9	Bakers Hill	81
26	Bakers Hill	98
20	Tammin	159
20	Cunderdin	179
23	Tammin	202
57	Kellerberrin	259
44	Southern Cross	325
44	Bodallin	369
32	Southern Cross	401
65	Southern Cross	434
80	Coolgardie	475
56	Coolgardie	499
40	Kalgoorlie	555
		595

Wheatbelt North Region
Peel Terrace, Northam
Ph: 9622 4777

Goldfields – Esperance Region
Piesse St, Boulder
Ph: 9080 1400

퍼스에서 올버니(30번 올버니 하이웨이)

퍼스

올버니

PERTH
ARMADALE

Serpentine
National
Park

Mt Cooke Forest picnic site

Hotham River

Unnamed

Crossman picnic site

Extracts Arboretum

WILLIAMS

Unnamed

NARROGIN

Wheatbelt South Region
Mokine Road, Narrogin
Ph: 9881 0566

ARTHUR RIVER

Unnamed

Crapella Road

Beaufort River

KOJONUP

Unnamed

🛡30

Gordon River

Tunney

Orup Creek/Cathedral of Trees
Beattie Road
Sturdee Road/South Kendenup

MT BARKER

ALBANY

Great Southern Region
Chester Pass Road, Albany
Ph: 9892 0555

N
W E
S

Distance (km) from nearest town		Distance (km) from Perth
		29
24	Armadale	54
44	Armadale	74
50	Williams	110
40	Williams	120
26	Williams	134
32	Narrogin	166
16	Williams	182
		192
39	Williams	208
34	Kojonup	220
21	Kojonup	233
57	Arthur River	255
17	Kojonup	271
37	Kojonup	291
4	Kendenup	345
13	Mt Barker	346
10	Mt Barker	349
46	Albany	359
2	Albany	402
		405

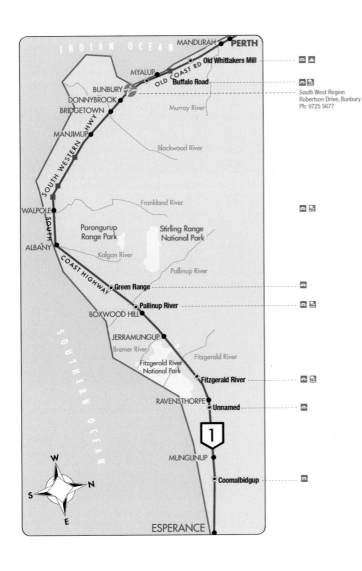

South West Region
Robertson Drive, Bunbury
Ph: 9725 5677

Distance (km) from nearest town		Distance (km) from Perth
		70
52	Bunbury	134
43	Bunbury	143
21	Bunbury	161
28	Donnybrook	184
57	Bridgetown	212
36	Manjimup	270
10	Manjimup	314
52	Manjimup	356
24	Walpole	398
5	Walpole	418
67	Denmark	423
47	Mt Barker	540
49	Boxwood Hill	607
5	Boxwood Hill	650
59	Jerramungup	656
59	Boxwood Hill	715
34	Jerramungup	749
87	Munglinup	830
6	Ravensthorpe	836
81	Ravensthorpe	917
55	Esperance	964
		1019

301

포트헤들랜드에서 쿠넌어라 (1번 그레이트 노던 하이웨이)

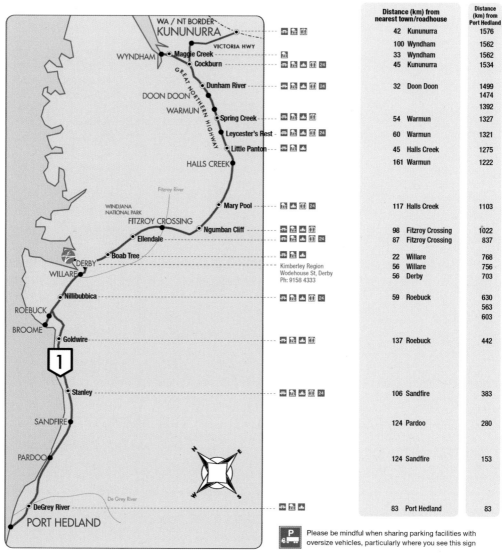

Distance (km) from nearest town/roadhouse		Distance (km) from Port Hedland
42	Kununurra	1576
100	Wyndham	1562
33	Wyndham	1562
45	Kununurra	1534
32	Doon Doon	1499
		1474
		1392
54	Warmun	1327
60	Warmun	1321
45	Halls Creek	1275
161	Warmun	1222
117	Halls Creek	1103
98	Fitzroy Crossing	1022
87	Fitzroy Crossing	837
22	Willare	768
56	Willare	756
56	Derby	703
59	Roebuck	630
		563
		603
137	Roebuck	442
106	Sandfire	383
124	Pardoo	280
124	Sandfire	153
83	Port Hedland	83

Kimberley Region
Wodehouse St, Derby
Ph: 9158 4333

Please be mindful when sharing parking facilities with oversize vehicles, particularly where you see this sign

참고 서적 및 사이트

◎ 서호주관광청 http://www.australia.com/ko/explore/states/wa.aspx

◎ 스트로마톨라이트 참고 및 출처 : 공달용, 〈선캄브리아누대, 고생대 및 중생대 지층에서 산출되는 스트로마톨라이트 화석의 분포, 형태, 그리고 기원에 관한 연구〉, 2011.

◎ 디지털노마드 사진가 자잡토 http://zazabto.blog.me

◎ 별난 세상의 Elvis http://blog.naver.com/lth365

◎ 포토 後 http://blog.donga.com/obscura153/archives/648

초판 1쇄 인쇄일 2014년 03월 12일
초판 1쇄 발행일 2014년 03월 17일

지은이 박진성(대표저자)
펴낸이 김양수
표지·편집디자인 이정은

펴낸곳 도서출판 맑은샘
출판등록 제2012-000035
주소 경기도 고양시 일산서구 중앙로 1456(주엽동) 서현프라자 604호
대표전화 031.906.5006 팩스 031.906.5079
이메일 okbook1234@naver.com
홈페이지 www.booksam.co.kr

ISBN 978-89-98374-52-5 (03450)

「이 도서의 국립중앙도서관 출판시도서목록(CIP)은 서지정보유통지
원 시스템 홈페이지(http://seoji.nl.go.kr)와 국가자료공동목록시스템
(http://www.nl.go.kr/kolisnet)에서 이용하실 수 있습니다.(CIP제
어번호: CIP2014008370)」